AF404562

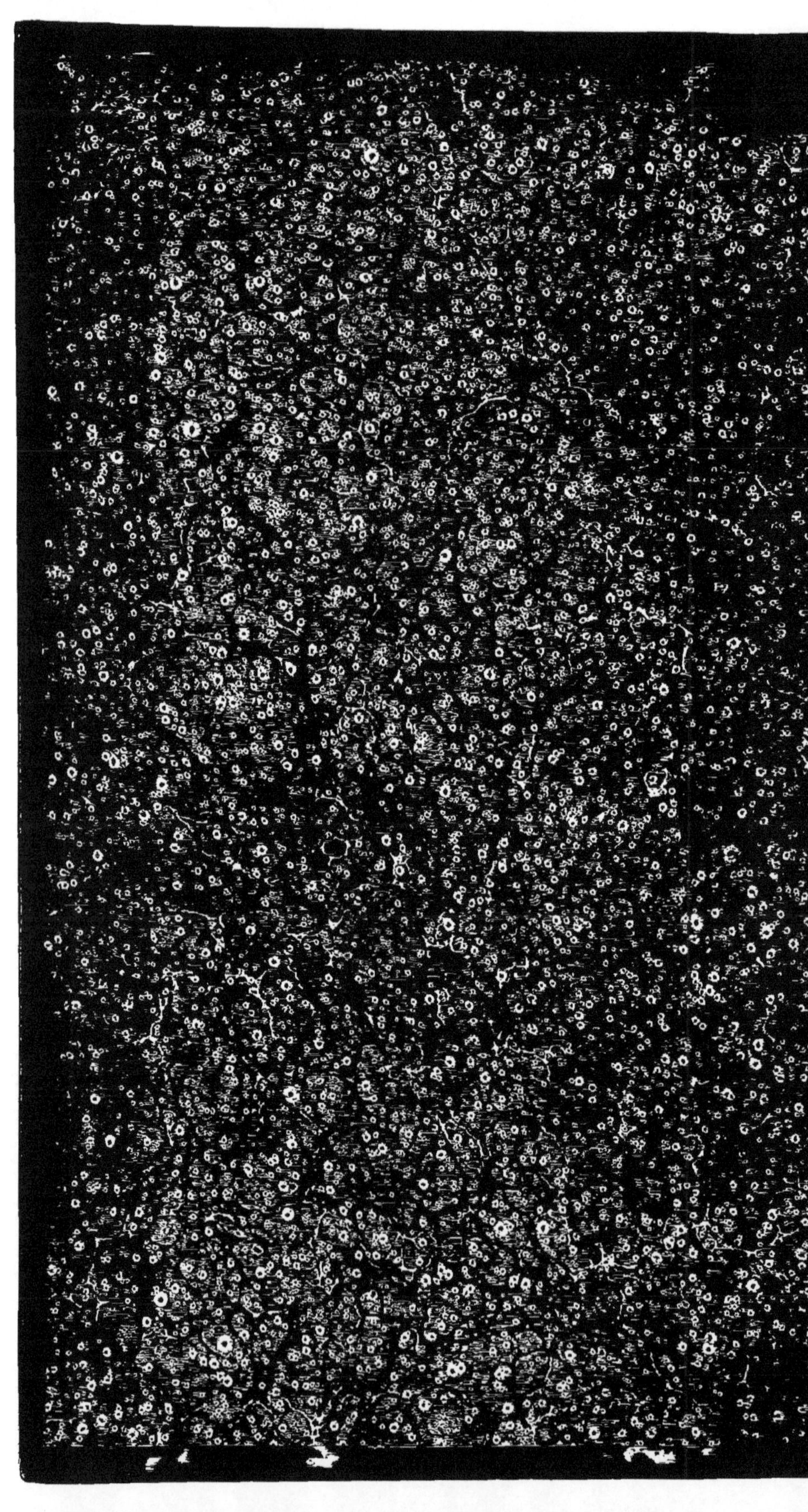

ÉLÉMENS

DE GÉOMÉTRIE.

AVIS.

Ce Volume fait partie du Cours élémentaire de Mathématiques pures, *de M. Lacroix; Cours qui comprend*
l'Arithmétique, *l'*Algèbre, *la* Géométrie, *la* Trigonométrie *rectiligne et* sphérique, *ainsi que l'*Application
de l'Algèbre à la Géométrie. *On trouvera dans les*
Essais sur l'Enseignement, *du même Auteur, l'Analyse
de chacune de ces parties, auxquelles font suite, le*
Complément des Élémens de Géométrie [ou Élémens
de Géométrie descriptive], *le* Complément des Elémens
d'Algèbre, *le* Traité élémentaire de Calcul différentiel
et de Calcul intégral, *et le* Traité élémentaire du Calcul
des Probabilités.

Il est à propos de prévenir le Public que les volumes
de ce Cours réimprimés en Belgique n'ayant pu être
revus par l'Auteur, sont nécessairement incorrects, et
ne contiennent pas les derniers changemens et addi-
tions qu'il a faits à ses ouvrages.

ÉLÉMENS

DE

GÉOMÉTRIE,

A L'USAGE

DE L'ÉCOLE CENTRALE

DES QUATRE-NATIONS;

Par S. F. LACROIX.

———

ONZIÈME ÉDITION,
revue et corrigée.

PARIS,

Mᵐᵉ Vᵉ COURCIER, Imprimeur-Libraire pour les
Mathématiques, rue du Jardinet.
1819.

AVIS DU LIBRAIRE.

L'auteur de ces Elémens ayant réuni dans ses Essais sur l'Enseignement en général, et sur celui des Mathématiques en particulier, tout ce qu'il avait écrit sur la métaphysique de ces Sciences, a fait entrer dans ce dernier Ouvrage, et avec des augmentations, les Discours qu'on trouvait à la tête du premier, sous le titre de Réflexions sur l'ordre à suivre dans les Elémens de Géométrie, sur la manière de les écrire, et sur la méthode en Mathématiques. Ces divers morceaux font maintenant partie d'un corps complet de remarques sur toutes les branches de l'Enseignement des Mathématiques élémentaires.

On peut joindre aux Élémens de Géométrie leur Complément, ayant aussi pour titre: Essais de Géométrie sur les plans et les surfaces courbes (ou Élémens de Géométrie descriptive), 4e édition qui se trouve chez le même Libraire.

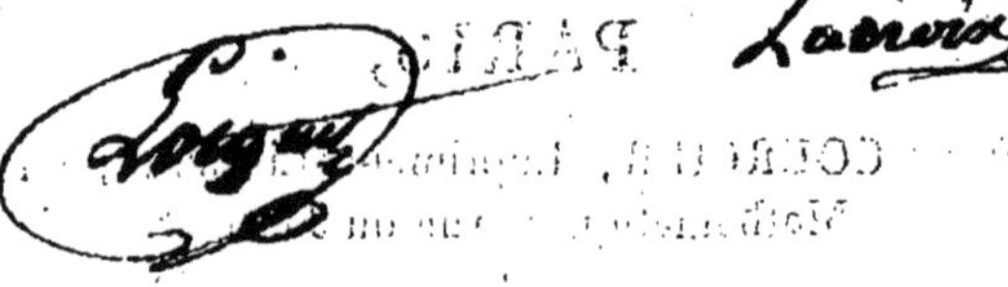

TABLE.

PREMIÈRE PARTIE.

SECTION PREMIÈRE.

Des polygones,   51

Géométrie. 11ᵉ édition.   b

TABLE.

DEUXIÈME PARTIE.

SECTION PREMIÈRE.

Des plans et des corps terminés par des surfaces planes.

SECTION II.

Fin de la Table.

SUPPLÉMENT

Au Traité Élémentaire d'Arithmétique, *nécessaire pour passer immédiatement de ce Traité aux* Élémens de Géométrie.

I. **P**our abréger le discours, on exprime par des signes particuliers les mots qui reviennent le plus fréquemment ; et quand on s'occupe d'un nombre ou d'une grandeur quelconque, sans considérer sa valeur particulière, mais seulement pour indiquer ses relations avec d'autres grandeurs, ou les opérations auxquelles elle doit être soumise, on la distingue par une lettre de l'alphabet, qui devient alors le nom abrégé de cette grandeur.

$+$ *signifie* plus *ou* ajouté avec.

L'expression $A + B$ indique la somme qui résulte de la grandeur que représente la lettre A ajoutée avec celle que représente B, ou *A plus B*

$-$ *signifie* moins.

$A - B$ indique ce qui reste quand on ôte de la grandeur que représente A celle que représente B, ou *A moins B.*

$\times$ *signifie* multiplié par.

$A \times B$ indique le produit de la grandeur que représente A multipliée par celle que représente B, ou *A multiplié par B.*

$\dfrac{A}{B}$ indique le quotient de la grandeur que représente A divisée par celle que représente B, ou *A divisé par B.*

$A = B$ signifie que la grandeur que représente A est égale à celle que représente B, ou *A égale B.*

$A > B$ signifie que la grandeur que représente A surpasse celle que représente B, ou *A plus grand que B.*

$A < B$ signifie *A plus petit que B.*

$2A$, $3A$, etc. indiquent le *double*, le *triple*, etc. de la grandeur que représente A.

II. Lorsqu'on multiplie un nombre par lui-même, on forme sa *seconde puissance* ou son *quarré* : 5 × 5, ou 25, est la seconde puissance de 5, ou le quarré de 5.

La seconde puissance est donc le produit de deux facteurs égaux; chacun de ces facteurs est la *racine quarrée* du produit : 5 est la racine quarrée de 25.

Si on multiplie la seconde puissance par sa racine, on a la *troisième puissance* ou le *cube* : 5 × 25, ou 125, est la troisième puissance de 5.

La troisième puissance est un produit formé par la multiplication de trois facteurs égaux; chacun de ces facteurs est la *racine cubique* de ce produit : 125 est le produit de 5 multiplié deux fois par lui-même, ou 5 × 5 × 5; et 5 est la racine cubique de 125.

En général, A^2 étant l'abréviation de $A × A$, indique la seconde puissance, ou le quarré de A.

$\sqrt{A}$ indique la racine quarrée de A ou le nombre qui, multiplié par lui-même, produirait le nombre que représente A.

A^3 étant l'abréviation de $A × A × A$, indique la troisième puissance ou le cube de A.

$\sqrt[3]{A}$ indique la racine cubique de A ou le nombre qui, multiplié deux fois par lui-même, produirait le nombre A.

Tous les nombres ne sont pas des quarrés ou des cubes parfaits, c'est-à-dire, n'ont pas des racines quarrées ou cubiques qu'on puisse exprimer exactement : 19, par exemple, se trouvant entre 16, qui est le quarré de 4, et 25, qui est le quarré de 5, a pour racine un nombre compris entre 4 et 5, mais qu'on ne saurait assigner exactement, même avec le secours des fractions : c'est un *incommensurable*.

De même, 89 se trouvant entre 64, qui est le cube de 4, et 125, qui est celui de 5, a pour racine cubique un nombre compris entre 4 et 5, mais qu'on ne saurait non plus assigner exactement. On trouvera dans les Elémens d'Algèbre, des méthodes pour approcher aussi près qu'on voudra des racines quarrées et des racines cubiques des nombres qui ne sont pas des quarrés ou des cubes parfaits.

(Les trois articles suivans doivent être étudiés avant le n° 58.)

III. Lorsque deux proportions ont un rapport commun, il est visible qu'on peut mettre en proportion les deux autres rapports, parce qu'ils sont égaux à celui qui est commun.

Si l'on a

$$A : B :: C : D,$$
$$E : F :: C : D,$$

Géométrie. 11e édition.   c

il en résultera nécessairement

$$A : B :: E : F.$$

Lorsque deux proportions ont les mêmes antécédens, on peut mettre les conséquens en proportion ; car si on a

$$A : B :: C : D,$$

$$A : E :: C : F,$$

en changeant les moyens de place, ces proportions deviendront

$$A : C :: B : D,$$

$$A : C :: E : F,$$

et on en conclura

$$B : D :: E : F,$$

ce qui revient à

$$B : E :: D : F.$$

IV. On peut faire encore dans les proportions d'autres changemens que les transpositions de termes qui ne troublent pas l'égalité du produit des extrêmes avec celui des moyens.

1°. Si au conséquent d'un rapport on ajoute son antécédent, et que l'on compare cette somme à l'antécédent, celui-ci y sera contenu une fois plus qu'il ne l'était dans le premier conséquent ; le nouveau rapport sera donc égal au rapport primitif augmenté de l'unité. Si l'on fait la même opération sur les deux rapports d'une proportion, il en résultera évidemment deux nouveaux rapports égaux entre eux, et par conséquent une nouvelle proportion.

Soit par exemple la proportion

$$4 : 6 :: 12 : 18;$$

on aura

$$6 + 4 : 4 :: 18 + 12 : 12,$$

ou

$$10 : 4 :: 30 : 12.$$

2°. Si du conséquent d'un rapport on retranche l'antécédent, et que l'on compare la différence à l'antécédent, celui-ci y sera contenu une fois de moins que dans le premier conséquent ; le nouveau rapport sera donc égal au rapport primitif diminué de l'unité. Si on fait la même opération sur les deux rapports d'une proportion, il en résultera deux nouveaux rapports égaux entre eux, et par conséquent une nouvelle proportion.

De la proportion

$$4 : 6 :: 12 : 18,$$

on déduira ainsi

$$6 - 4 : 4 :: 18 - 12 : 12,$$

ou

$$2 : 4 :: 6 : 12.$$

Pour une proportion entre des grandeurs quelconques, désignées par des lettres,

$$A : B :: C : D,$$

on aura par les changemens ci-dessus,

$$B + A : A :: D + C : C,$$
$$B - A : A :: D - C : C$$

Si on change les moyens de place dans ces dernières, il viendra

$$B + A : D + C :: A : C,$$
$$B - A : D - C :: A : C;$$

mais par le même changement, la proportion

$$A : B :: C : D$$

donne aussi

$$A : C :: B : D,$$

et puisque les rapports $A : C$, $B : D$ sont égaux, on en conclura

$$B + A : D + C :: A : C \text{ ou } :: B : D,$$
$$B - A : D - C :: A : C \text{ ou } :: B : D,$$

résultat qui s'énonce ainsi :

Dans une proportion quelconque la somme ou la différence des deux premiers termes est à la somme ou à la différence des deux derniers, comme le premier est au troisième, ou comme le deuxième est au quatrième.

De plus, les deux rapports $A : C$ ou $B : D$, étant communs aux deux dernières proportions ci-dessus, il en résulte que les autres rapports des mêmes proportions sont égaux, et que par conséquent

$$B + A : D + C :: B - A : D - C,$$

ou, en changeant les moyens de place,

$$B + A : B - A :: D + C : D - C;$$

c'est-à-dire que *la somme des deux premiers termes d'une propor- tion est à leur différence, comme la somme des deux derniers est à leur différence.*

Par exemple :

$$6 + 4 : 6 - 4 :: 18 + 12 : 18 - 12,$$

ou

$$10 : 2 :: 30 : 6.$$

Lorsque la proportion

$$A : B :: C : D,$$

est changée en

$$A : C :: B : D,$$

c.,

A et B sont les antécédens, C et D les conséquens ; et les proportions

$$B + A : D + C :: A : C \text{ ou} :: B : D,$$
$$B - A : D - C :: A : C \text{ ou} :: B : D,$$

répondent à l'énoncé suivant :

La somme ou la différence des antécédens d'une proportion est à la somme ou à la différence des conséquens, comme un antécédent est à son conséquent.

On en déduit, *la somme des antécédens est à leur différence, comme la somme des conséquens est à leur différence.*

Si on a une suite de rapports égaux

$$A : B :: C : D :: E : F,$$

en ne considérant d'abord que les deux premiers, qui forment la proportion

$$A : B :: C : D,$$

on en déduit par ce qui précède ;

$$A + C : B + D :: A : B ;$$

et puisque le troisième rapport $E : F$ est égal au premier $A : B$, on aura

$$A + C : B + D :: E : F.$$

Si l'on prend la somme des antécédens et celle des conséquens dans cette dernière proportion, il en résultera

$$A + C + E : B + D + F :: E : F \text{ ou} :: A : B.$$

En suivant la même marche, quel que fût le nombre des rapports égaux, on aurait en dernier lieu : *la somme d'un nombre quelconque d'antécédens est à la somme de leurs conséquens, comme un antécédent est à son conséquent.*

V. Lorsqu'on a deux proportions quelconques

$$A : B :: C : D,$$
$$E : F :: G : H,$$

et qu'on les multiplie par *ordre*, c'est-à-dire, terme à terme, les produits forment une proportion où l'on a

$$A \times E : B \times F :: C \times G : D \times H.$$

Cela est évident, puisque les nouveaux rapports $\dfrac{B \times F}{A \times E}$, $\dfrac{D \times H}{C \times G}$,

seront respectivement les produits des rapports primitifs

$$\frac{B}{A} \text{ et } \frac{F}{E}, \quad \frac{D}{C} \text{ et } \frac{H}{G},$$

qui sont égaux.

Si l'on multiplie la proportion

$$A : B :: C : D$$

par

$$A : B :: C : D,$$

on aura (II)

$$A^2 : B^2 :: C^2 : D^2,$$

d'où il suit que *les quarrés de quatre quantités en proportion forment une nouvelle proportion.*

En multipliant la proportion

$$A^2 : B^2 :: C^2 : D^2,$$

par

$$A : B :: C : D,$$

on aura

$$A^3 : B^3 :: C^3 : D^3,$$

c'est-à-dire, que *les cubes de quatre quantités en proportion forment une nouvelle proportion.*

(*Les deux articles suivans se rapportent au n° 76.*)

VI. On considère souvent des grandeurs décomposées en plusieurs parties, et on a besoin de les ajouter, de les soustraire, ou de les multiplier dans cet état, c'est-à-dire, de déterminer comment les résultats de ces opérations sont formés avec les parties des grandeurs proposées : voici quelques règles à ce sujet.

1°. Il est évident que si l'on veut ajouter la grandeur $B—C$ avec la grandeur A, il faut écrire $A+B—C$, puisque ce n'est ni B ni C qu'on se propose d'ajouter avec A, mais seulement l'excès de B sur C;

$$\overline{M \qquad\qquad P \quad Q \qquad N}$$

d'ailleurs si l'on prend les droites MP, PN et QN pour représenter les grandeurs A, B et C, on verra que

$$PQ = PN — QN,$$
$$MP + PQ = MP + PN — QN.$$

2°. Si de la grandeur A on voulait ôter la grandeur $B—C$, il faudrait écrire $A+C—B$, ou, ce qui est la même chose, $A—B+C$.

En effet, la différence de deux grandeurs ne change pas lorsqu'on ajoute à chacune la même grandeur ; or si l'on ajoute C à $B—C$, il viendra B ; en faisant la même addition à la grandeur A, on obtient $A+C$, et la soustraction de B donne alors $A+C—B$

$$\overline{M \qquad\qquad P \qquad Q \qquad N}$$

La figure ci-dessus confirme ce résultat; car si on prend les droites MN, PN, PQ pour les grandeurs A, B, C, on a

$$QN = PN - PQ,$$
$$MN - QN = MQ = MP + PQ;$$

et puisque $MP = MN - PN$, il viendra

$$MP + PQ = MN - PN + PQ,$$

résultat qui répond à $A - B + C$.

3°. Le produit de la grandeur A par la grandeur $B + C$, est exprimé par $A \times B + A \times C$; car il doit renfermer autant de fois le nombre A qu'il y a d'unités dans la somme des nombres B et C, et doit par conséquent être composé de A pris autant de fois qu'il y a d'unités dans B, plus de A pris autant de fois qu'il y a d'unités dans C, ce qui s'écrit $A \times B + A \times C$.

4°. Le produit de A par $B - C$ est exprimé par $A \times B - A \times C$; car si on représente $B - C$ par D, on aura visiblement $B = D + C$, et par conséquent $A \times B = A \times D + A \times C$: on conclura de là que $A \times D = A \times B - A \times C$, ce qui forme la proposition avancée ci-dessus, puisque $D = B - C$.

VII. Il suit de ce qui précède, que *le quarré d'un nombre composé de deux parties, renferme le quarré de la première, deux fois le produit de la première par la seconde, et le quarré de la seconde*. Le nombre 13, par exemple, étant envisagé comme égal à $9 + 4$, son quarré 169 est composé

du quarré de 9, ou 81
de 2 fois 9×4, ou 72
et   du quarré de 4, ou 16
____

Total..........169

Pour prouver l'énoncé en général, il suffit d'observer que le produit de A par $B + C$ étant $A \times B + A \times C$, si l'on fait $A = B + C$, les produits partiels $A \times B$ et $A \times C$ deviendront $B \times B + B \times C$, et $B \times C + C \times C$; en les réunissant on obtiendra le résultat

$$B \times B + B \times C + B \times C + C \times C,$$

qui peut s'écrire ainsi

$$B^2 + 2B \times C + C^2,$$

ce qui donne le quarré de $B + C$, conforme à l'énoncé ci-dessus.

On trouve d'une manière semblable que *le quarré de la différence de deux grandeurs est composé du quarré de la première, moins deux fois le produit de la première par la seconde, plus le quarré de la seconde.* Le nombre 9 étant égal à 13—4, par exemple, son quarré 81 sera formé de 169 — 2 fois 4 × 13 + 16, ce qu'il est aisé de vérifier.

La démonstration générale de la proposition ci-dessus se forme en faisant $A = B — C$, dans le produit de A par la différence $B—C$; car ce produit étant exprimé par $A × B — A × C$, si l'on écrit d'abord $B—C$ au lieu de A, dans les produits $A × B$ et $A × C$, ils deviendront respectivement

$$B × B — B × C \text{ et } B × C — C × C,$$

et pour retrancher le second du premier, il faudra, d'après l'article VI, écrire

$$B × B — B × C — B × C + C × C,$$

ce qui revient à

$$B^2 — 2 B × C + C^2,$$

et donne le quarré de $B—C$, conformément à l'énoncé ci-dessus.

Les notions précédentes suffisent pour entendre les propositions nécessaires de la Géométrie, car on peut, dans le n° 141, se borner à la solution graphique, et passer les numéros 150, 156, 157, qui ne servent qu'à calculer le rapport de la circonférence au diamètre, qu'on peut obtenir facilement en Trigonométrie, par les sinus et les tangentes des petits arcs.

(*Les articles ci-dessous, qui concernent l'évaluation des aires et des volumes, autrement, le toisé des surfaces et des solides, se rapportent à la fin de la première partie et à celle de la seconde.*)

VIII. Le rapprochement des expressions, ou *formules*, d'après lesquelles se calculent les aires,

Du parallélogramme, n° 170,

Du triangle, n° 171,

Du trapèze, n° 175,

Du cercle, n° 187,

Enfin du secteur circulaire, n° 189,

montre que la détermination de toutes ces aires ne dépend que d'un produit de deux facteurs, qu'on peut toujours regarder comme la base et la hauteur, c'est-à-dire les *deux dimensions* d'un rectangle équivalent à l'aire cherchée. Quand ces facteurs sont exprimés en mesures décimales, leur multiplication s'effectue à l'ordinaire; mais la dénomination des unités du résultat demande quelques attentions.

Soit pour exemple un rectangle de 49^{mè}, 54 de base sur 15^{mè}, 27 de hauteur; en multipliant ces deux nombres, on trouve 756,4758.

L'unité de ce nombre est le quarré ayant un mètre de côté, qu'on nomme aussi le *mètre quarré*; les fractions décimales en sont toujours la dixième, la centième, la millième, etc. partie : la mesure ci-dessus pourrait donc s'énoncer ainsi : 756 mètres quarrés et 4758 dix-millièmes de mètre quarré; mais plus ordinairement on fait correspondre les subdivisions du mètre quarré avec celles du mètre linéaire, et alors on doit observer que

Le mètre quarré contient 100 quarrés d'un décimètre de côté, ou cent *décimètres quarrés*,

Le décimètre quarré contient cent quarrés d'un centimètre de côté, ou 100 *centimètres quarrés*, et ainsi de suite.

C'est donc les centièmes du mètre quarré qui expriment les décimètres quarrés, les dix-millièmes qui expriment les centimètres quarrés, les millionièmes qui expriment les millimètres quarrés. D'après cela, le nombre 756,4758 s'énonce

756 mètres quarrés, 47 décimètres quarrés, 58 centimètres quarrés.

On juge par là qu'il n'est pas permis de confondre le 10eme du mètre quarré avec le décimètre quarré. La première de ces subdivisions ne saurait se représenter par un quarré dont les dimensions soient des nombres exacts, puisque l'unité n'en contient que 10, et que 10 n'est pas un quarré parfait.

On peut rapporter commodément le 10eme du mètre quarré à un rectangle de 1 mètre de base sur 1 décimètre de hauteur; et il en est de même des fractions décimales qui suivent et qui désignent isolément des rectangles de 1 mètre de base sur 1 centimètre, 1 millimètre, etc. de hauteur.

Ce n'est qu'en séparant les chiffres de deux en deux, à partir de la virgule, qu'on peut énoncer le nombre en mesures quarrées.

Quand les chiffres décimaux sont en nombre impair, il faut écrire un zéro à la droite, pour que le dernier ordre de décimales soit rapporté à des mesures quarrées.

Le rectangle ayant 27^{mè} de base sur 4^{mè},3 de hauteur, par exemple, a pour mesure en mètres quarrés, 116,1. En mettant un zéro à la droite de ce nombre, il devient 116,10 et s'énonce 116 mètres quarrés et 10 décimètres quarrés.

Ce que je viens de dire s'applique également aux divers ordres d'unités placés à la gauche de la virgule; et en observant que l'*are* étant un quarré de 10 mètres de côté, renferme cent mètres quarrés, que l'hectare renferme cent ares, le nombre 37549 mètres quarrés, par exemple, se décompose en 3 hectares, 75 ares et 49 mètres quarrés, ou centiares.

Il est à propos de fixer le sens de plusieurs expressions que l'on confond quelquefois. Que l'on dise un mètre quarré ou un mètre en quarré, cela revient au même, puisqu'il ne peut être question, dans les deux cas, que d'un quarré ayant un mètre de côté; mais il faut soigneusement distinguer les espaces de 10 *mètres quarrés*, et 10 *mètres en quarré*, par exemple; car l'un indique une aire équivalente à 10 quarrés d'un mètre de côté, et l'autre un seul quarré ayant 10 mètres de côté, et comprenant par-conséquent 100 mètres quarrés.

L'usage des mesures décimales simplifie considérablement les calculs du toisé. Avec les anciennes mesures, le premier moyen qui se présente est de convertir chacun des facteurs, dans les sub-divisions de la plus petite espèce qui soit contenue dans les deux, afin que le résultat soit exprimé en mesures quarrées ayant cette subdivision pour côté. S'il y a, par exemple, des lignes dans l'un des facteurs, il faut les réduire tous deux en lignes; le produit sera des lignes quarrées. Pour remonter à des mesures plus grandes, on observera que

le pouce quarré vaut 12 × 12, ou 144 lignes quarrées;
le pied quarré   12 × 12, ou 144 pouces quarrés;
la toise quarrée   6 × 6, ou 36 pieds quarrés;

et en divisant successivement par ces nombres, on traduira le résultat en toises quarrées, pieds et pouces quarrés.

On se servait peu de ce moyen, parce qu'il conduit à opérer sur de trop grands nombres; mais on faisait usage du procédé qui sert à effectuer la multiplication des nombres complexes. Que les deux dimensions à multiplier soient, par exemple,

$$49^{toises} \; 5^{pi} \; 7^{po} \quad \text{et} \quad 32^{t} \; 4^{pi} \; 5^{po};$$

si l'on choisit le premier pour multiplicande, on concevra d'abord un rectangle ayant $49^{toises} \; 5^{pi} \; 7^{po}$ de base sur 1^{toise} de hauteur, et qui sera par conséquent à celui dont on cherche la mesure, comme $1^{t} : 32^{t} \; 4^{pi} \; 5^{po}$ (166). Il sera permis en conséquence de regarder le multiplicateur $32^{t} \; 4^{pi} \; 5^{po}$ comme un nombre abstrait: or un rectangle de $49^{t} \; 5^{pi} \; 7^{po}$ de base sur 1^{t} de hauteur, se décompose dans les suivans:

1°. Un rectangle de 49^{toises} de base sur 1^{t} de hauteur, et contenant 49 toises quarrées;

2°. 5 rectangles ayant chacun 1^{pi} de base sur 1^{t} de hauteur: ces rectangles se nomment *toises-pieds*; il est visible qu'il en faut 6 pour former la toise quarrée;

3°. 7 rectangles de 1 pouce de base sur 1^{t} de hauteur : ces rectangles se nomment *toises-pouces*; il en faut évidemment 12 pour former la toise-pied.

En continuant de même on arriverait, s'il y avait lieu, aux *toises - lignes*, *toises-points*, qui auraient entre elles et avec la toise quarrée, les mêmes rapports que les subdivisions linéaires qui leur servent de base. Les abréviations de ces mesures, en commençant par la toise quarrée, sont

$$t.\, t.,\quad t.\, pi.,\quad t.\, po,\quad t.\, l,\quad t.\, pt.$$

Cela posé, l'emploi des parties aliquotes, conformément aux règles exposées à la fin du *Traité élémentaire d'Arithmétique*, donne l'opération suivante

	$49^{t.t}$	$5^{t.pi}$	$7^{t.po}$		
	32^{t}	4^{p}	$5^{p.}$		
	98				
	147				
Pour $3^{t.pi}$	16				
$1^{t.pi}$	5	2			
$1^{t.pi}$	5	2			
Pour $6^{t.po}$	2	4			
$1^{t.po}$		2	8		
Pour 3^{ri}	24	5	9	$6^{t.l}$	
1^{pi}	8	1	11	2	
Pour 4^{po}	2	4	7	8	$8^{t.pt.}$
1ro		4	1	11	2
Produit total	$1634^{t.t}$	$3^{t.pi}$	$2^{t.po}$	$3^{t.l}$	$10^{t.pt}$

Excepté la première partie de ce résultat qui est en toises quarrées, les autres sont des rectangles; mais leur conversion en pieds quarrés, pouces quarrés, etc. est facile; car

la toise-pied vaut $6^{pi} \times 1^{pi}$, ou 6 pieds quarrés;

la toise-pouce $\dfrac{1^{t.pi}}{12}$, ou $\tfrac{1}{2}$ pied quarré, ou 72 pouces quarrés;

la toise-ligne $\dfrac{1^{t.po}}{12}$, ou 6 pouces quarrés;

la toise-point $\dfrac{1^{t.l}}{12}$, ou $\tfrac{1}{2}$ pouce quarré, ou 72 lignes quarrées.

En multipliant donc respectivement par 6, $\tfrac{1}{2}$, 6, $\tfrac{1}{2}$, les toises-pieds, toises-pouces, toises-lignes et toises-points, du produit obtenu ci-dessus, on trouve 1634 toises quarrées, 19 pieds quarrés, et 23 pouces quarrés.

La toise quarrée et ses parties ne servaient qu'à la mesure des petites aires; les champs s'évaluaient en *perches* et en *arpens*; ces dernières mesures ont varié suivant le temps et les lieux. On trouve dans les tables de l'Arithmétique, deux sortes d'arpens comparés avec les nouvelles mesures agraires, savoir, *l'arpent des Eaux et Foréts, et l'arpent de Paris.* L'un et l'autre étaient composés de 100 perches; la perche, qu'on aurait dû nommer perche quarrée, était un quarré qui, dans l'arpent des Eaux et Foréts, avait 22 pieds de côté, et seulement 18 dans celui de Paris. Le rapport des perches, le même que celui des deux arpens, est celui des quarrés des nombres 22 et 18, c'est-à-dire de 484 à 324, qui revient à peu près au rapport de 3 à 2.

La perche de Paris ayant 18 pieds, ou 3 toises, de côté, contenait 9 toises quarrées; et l'arpent du même lieu, contenant exactement 900 toises quarrées, était plus commode que l'autre; mais toutes ces mesures sont bien inférieures aux mesures décimales, dans lesquelles on les transformera facilement, au moyen des tables citées : et d'ailleurs, en convertissant en mètres et parties décimales du mètre, les dimensions de la mesure proposée, leur produit donnerait le rapport de cette mesure, au mètre quarré.

Il n'est question dans ces Élémens, que des figures terminées par des lignes droites, ou par des circonférences de cercle; mais les formules citées au commencement de cet article, servent aussi dans la plupart des cas de la pratique, au toisé des aires enveloppées par des lignes courbes, parce qu'en partageant ces lignes courbes en petites portions, sensiblement droites, on ramène la figure proposée à un polygone rectiligne.

IX. Les expressions des volumes du prisme, nᵒ 260,

> de la pyramide................ nᵒ 262,
> du prisme triangulaire tronqué, nᵒ 265,
> du cône.................... nᵒ 275,
> du cylindre. .... nᵒ 283,
> et de la sphère............... nᵒˢ 304 — 306;

étant toutes composées du produit d'une aire par une hauteur, dépendent nécessairement d'un produit de trois facteurs, puisque l'aire en contient deux; et ce produit revient à l'expression d'un parallélépipède rectangle (257) équivalent au corps proposé. C'est dans ce sens qu'on dit qu'un volume quelconque est le produit de 3 *dimensions.* Leur multiplication se fait à l'ordinaire, quand elles sont exprimées en mesures décimales; et le résultat est composé d'un nombre entier et de parties décimales d'un cube ayant pour côté l'unité linéaire.

Je prends pour exemple un parallélépipède rectangle, dont les dimensions sont 49ᵐᵉᵗ,54, 15ᵐᵉᵗ,27, et 8ᵐᵉᵗ,5; le produit 6430,0443 de ces nombres, fait voir que le parallélépipède proposé contient 6430 cubes de 1 mètre de côté, et 443 dix-millièmes de ce cube.

. Les décimales énoncées ci-dessus ne sont rapportées qu'à l'unité principale, qui est le cube d'un mètre de côté, et qu'on nomme aussi *mètre cube* : si l'on veut les décomposer en parties qui soient les cubes des parties décimales de l'unité linéaire, il faut remarquer que
Le mètre cube contient ... 10 × 10 × 10, ou 1000 *décimèt. cubes.*
Le décimètre cube　　　10 × 10 × 10, ou 1000 *centimèt. cubes,*
et ainsi des autres ; que par conséquent ce sont les millièmes, et les millionièmes du mètre cube, qui expriment les décimètres cubes, et les centimètres cubes, et en général, les décimales prises de 3 en 3 qui répondent à des mesures cubiques.

Le résultat 6430,0443 ne renfermant pas un nombre de chiffres décimaux qui soit multiple de 3, il faut y suppléer par des zéros, et l'écrire ainsi :

$$6430, 044300.$$

De cette manière, on l'énonce, en disant :

6430 mètres cubes , 44 décimètres cubes et 300 centimètres cubes.

Il est inutile d'entrer dans de plus grands détails sur ce sujet; car il sera beaucoup plus commode de s'en tenir à la première énonciation, pourvu qu'on ait soin de ne pas confondre le 10e, le 100e, etc. du mètre cube, avec le décimètre, le centimètre, etc. cubes. Les premiers se rapportent à des parallélépipèdes rectangles, ayant tous pour base le mètre quarré, et pour hauteur 1 décimètre, 1 centimètre, etc.

Quand, avec les anciennes mesures, on ne voulait opérer que sur des nombres entiers, on convertissait chacun des facteurs du volume cherché, dans les subdivisions de la plus petite espèce qu'il y eût dans les trois; le produit se trouvait exprimé en cubes ayant cette subdivision pour côté ; en lignes cubes, par exemple, si les facteurs étaient convertis en lignes. On parvenait ensuite à des mesures plus grandes, en observant que

le pouce cube vaut 12 × 12 × 12, ou 1728 lignes cubes ;
le pied cube.................... 1728 pouces cubes ;
la toise cube..... 6 × 6 × 6, ou 216 pieds cubes.
et en divisant, tant que cela était possible, par ces nombres.

Le plus ordinairement on laissait les facteurs sous leur forme de nombres complexes. En multipliant deux des facteurs entre eux, on calculait d'abord, en toises quarrées, toises-pieds, toises-pouces, etc., l'aire qui devait servir de base au volume cherché (considéré comme celui d'un parallélépipède rectangle), puis on regardait cette aire comme la base d'un parallélépipède rectangle ayant 1 toise de hauteur, et étant par conséquent au corps cherché, comme l'unité est au troisième facteur, qui alors pouvait être regardé comme un nombre abstrait. Il est visible que,

1°. 1 toise quarrée de base sur 1 toise de hauteur forme un cube d'une toise de côté, ou une *toise cube;*

2º. 1 toise-pied, c'est-à-dire un rectangle de 1 toise de long sur un pied de large, étant pris pour base d'un parallélépipède rectangle de 1 toise de hauteur, ce parallélépipède a deux arêtes contiguës de 1 toise, et peut aussi être envisagé comme ayant 1 toise quarrée de base sur 1 pied de haut ; on lui donne pour cette raison le nom de *toise-toise-pied* ; ce qui s'écrit *t. t. pi.* ; il en faut 6 pour former la toise-cube ;

3º. 1 toise-pouce sur 1 toise de hauteur, forme de même un parallélépipède de 1 toise quarrée de base sur 1 pouce de haut, qu'on nomme *toise-toise-pouce*, qui s'indique par *t. t. po.* ; il en faut 12 pour former la toise-toise-pied ;

4º. La même progression fournit ensuite des *toises-toises-lignes*, ou *t. t. l.*, *toises-toises-points*, ou *t. t. pt.*

Le volume du parallélépipède de 1 toise de haut, se trouve ainsi exprimé par un nombre qui se rapporte à des subdivisions assez simples ; et il ne s'agit plus que de multiplier, à l'aide des parties aliquotes, ce nombre par la hauteur du parallélépipède proposé.

Voici pour exemple le parallélépipède rectangle, dont les dimensions sont

$$49^t\ 5^{pi}\ 7^{po}, \quad 32^t\ 4^{pi}\ 5^{po}, \quad \text{et} \quad 5^t\ 2^{pi}\ 10^{po}.$$

Les deux premières déjà employées dans l'article VIII (page xlij), donnent pour produit

$$1634^{t.t}\ 3^{t.pi}\ 2^{t.po}\ 3^{t.l}\ 10^{t.pt}.$$

Un parallélépipède construit sur cette base et sur une toise de hauteur, contiendrait

$$1634^{t.t.t}\ 3^{t.t.pi}\ 2^{t.t.po}\ 3^{t.t.l}\ 10^{t.t.pt} ;$$

multipliant ce nombre par $5^t\ 2^{pi}\ 10^{po}$, hauteur du parallélépipède proposé, on aura le volume de ce dernier,

```
                1634^t.t.t   3^t.t.pi   2^t.t.po   3^t.t.l   10^t.t.pt
                   5^t          2^pi       10^po
                ─────────────────────────────────────────────────────
                  8170
      Pour 2^t.t.pi      1       4
           1^t.t.pi              5
      Pour 2^t.t.po                         10
      Pour 3^t.t.l                                   1        3
      Pour 6^t.t.pt                                           2        6
           2^t.t.pt                                                    10
           2^t.t.pt                                                    10
      Pour 2^pi        544       5          0        9        3        4/12
      Pour 6^po        136       1          3        2        3        10/12
           2^po         45       2          5        0        9        3/12
           2^po         45       2          5        0        9        3/12
─────────────────────────────────────────────────────────────────────────
Produit total. 8944^t.t.t  3^t.t.pi  1^t.t.po  8^t.t.l  3^t.t.pt  8/12.
```

Au lieu de $\frac{3}{12}$, on peut ajouter une unité aux toises-toises-points.

Dans la pratique, on a rarement besoin de pousser les calculs jusqu'aux dernières subdivisions, comme je l'ai fait ci-dessus, parce que leur valeur est presque nulle; et quand il ne s'agit que de déterminer le prix d'un ouvrage, la forme de ces subdivisions est la plus commode; cependant on les réduit quelquefois en mesures cubiques, et pour cela, il suffit d'observer que

la toise cube contenant 216 pieds cubes,

la toise-toise-pied en contient $\frac{216}{6}$, ou 36,

la toise-toise-pouce .... $\frac{36}{12}$, ou 3;

la toise-toise-ligne .... $\frac{3}{12}$, ou $\frac{1}{4}$, ou 432 pouces cubes,

(puisque le pied cube contient 1728 pouces cubes),

la toise-toise-point. .... $\frac{432}{12}$, ou 36 pouces cubes.

En conséquence, on multiplie respectivement par les nombres 36, 3, $\frac{1}{4}$, 36, les divers nombres des subdivisions indiquées ci-dessus, avec l'attention de multiplier par 432 le reste des toises-toises-lignes, si la division par 4 en laissait un, de compter le produit pour des pouces cubes, et de l'ajouter à ce que donneront les toises-toises-points. Le nombre

$$8944 \text{ t.t.t.} \quad 3 \text{ t.t.pi.} \quad 1 \text{ t.t.po.} \quad 8 \text{ t.t.l.} \quad 4 \text{ t.t.pi.},$$

trouvé ci-dessus, devient

8944 toises cubes, 113 pieds cubes, 144 pouces cubes.

L'usage des charpentiers était de mesurer les bois, non à la toise cube, mais à la *solive*, qu'ils établissaient de 6 pouces d'*équarrissage* sur 12 pieds de longueur, c'est-à-dire formant un parallélépipède rectangle, dont la base était un quarré de 6 pouces de côté, et la hauteur 12 pieds. Cette base ayant $\frac{1}{2}$ pied de côté, contient $\frac{1}{4}$ de pied quarré, et en multipliant par la hauteur 12, on trouve 3 pieds cubes pour le volume de la solive. Ce volume, pris pour unité, était divisé en 6 parties appelées *pieds de solive*, dont chacune valait par conséquent $\frac{1}{2}$ pied cube, ou 864 pouces cubes. Le pied de solive se divisait encore en 12 parties appelées *pouces de solive*, et contenant par conséquent chacune 72 pouces cubes.

On voit que les divisions de la solive suivaient la même loi que celles de la toise cube en toises-toises-pieds, etc.; et la solive entière étant de 3 pieds cubes, se trouve la 72e partie de la toise cube. On peut donc, en le multipliant par 72, convertir un nombre de toises cubes, toises-toises-pieds, etc. en solives et parties de solives; par ce moyen, le *toisé des bois* rentrait dans les règles du toisé général à trois dimensions. Il n'était pas difficile non plus ûe se former des règles particulières pour obtenir immédiatement le résultat du toisé en solives.

Mais combien l'uniformité des mesures nouvelles, qui ramène tout au mètre cube, ou *stère*, et leur subdivision décimale, qui rend toutes les opérations semblables à celles qui s'effectuent sur les nombres entiers, sont préférables à ces divers procédés, quelqu'ingénieux qu'ils puissent paraître. En les mettant ici sous les yeux du lecteur, en comparaison avec les calculs décimaux, j'ai eu principalement pour but de rendre plus frappant l'immense avantage de ceux-ci; avantage dont il faut espérer que sera convaincue la génération future, si son éducation est bien dirigée sur ce point; car tant que les ouvriers ne se déferont pas du pied et de la toise, qu'ils portent avec eux, qu'ils s'en serviront pour prendre leurs mesures, et qu'après avoir fait le calcul suivant ces mesures, ils auront encore, pour se conformer à la loi, à convertir les anciennes mesures en nouvelles, il est impossible qu'ils voient dans le système métrique décimal, autre chose qu'une innovation importune. Enfin, il faudrait que tous ceux qui ont des nombres à prescrire, soit comme administrateurs, soit comme ingénieurs, choisissent, autant que cela se peut, des nombres ronds, en nouvelles mesures, comme on le faisait dans les anciennes.

Les conversions d'un système dans l'autre, devenant de plus en plus rares, s'effectueraient sans peine par les tables dressées depuis long-temps pour cela; et quand on n'aurait pas ces tables sous la main, on y suppléerait en calculant, par ses dimensions exprimées en nouvelles mesures, la valeur du volume que l'on veut exprimer par ces mesures. C'est ainsi qu'en formant le cube du nombre décimal qui exprime la toise par le mètre, on aurait le rapport de la toise cube au mètre cube.

Le bois de chauffage se mesure en le rangeant dans un châssis ou *membrure*; et le tas prend la forme d'un parallélépipède rectangle qui a pour base l'aire de cette membrure, et pour hauteur la longueur des bûches. La membrure qui déterminait l'ancienne corde, avait 8 pieds de long sur 4 pieds de haut, et par conséquent 32 pieds quarrés de surface. La longueur des bûches étant de 4 pieds, la corde de bois contenait 128 pieds cubes; et par ce nombre, on en calculerait sans peine le rapport avec le mètre cube ou stère.

Quand les mesures ne sont pas des parallélépipèdes, mais des cylindres, comme l'étaient les litrons, les boisseaux, comme le sont les litres, leur volume se calcule au moyen des expressions propres à cette forme de corps.

Dans la forme de raisonnement adoptée pour l'exposition des Elémens de Géométrie,

Un *axiome* est une vérité évidente par elle-même ;

Un *théorème*, une proposition à démontrer ;

Un *corollaire*, une conséquence d'une proposition déjà démontrée ;

Un *problème*, une question à résoudre.

Une proposition qui ne sert que de préparation à une autre, se
nomme aussi *lemme*,

Et l'on donne aux *remarques* le nom de *scholies*.

Il est à propos d'observer qu'un théorème renferme deux parties,
savoir : l'*hypothèse*, et la *conclusion* qui en est la conséquence. Il
n'est pas toujours possible de renverser l'énoncé ; c'est-à-dire qu'en
prenant la conclusion pour hypothèse, on n'a pas toujours pour conclusion nécessaire l'hypothèse primitive ; et cela, parce que la conclusion primitive convient quelquefois à un plus grand nombre de
cas que l'hypothèse : de là vient la nécessité de démontrer les propositions inverses, lorsqu'on veut en faire usage.

ÉLÉMENS

DE

GÉOMÉTRIE.

1. L'ESPACE que les corps occupent a nécessairement trois dimensions, que l'on désigne par les noms de *longueur, largeur* et *profondeur,* ou *épaisseur.*

Un corps ne saurait être privé de l'une de ces dimensions sans cesser d'exister ; les limites qui le terminent, sans lesquelles il ne peut être conçu, et qui n'ont point d'épaisseur, sont des *surfaces.*

Quand un corps présente plusieurs faces, chacune a, dans le lieu où elle se joint à une autre, ses limites, qui n'ont ni épaisseur, ni largeur, et qu'on nomme *lignes.*

Enfin ces dernières ont elles-mêmes, aux endroits où elles se rencontrent, leurs limites ou leurs extrémités, qui n'ont ni épaisseur, ni largeur, ni longueur, et qui s'appellent *points.*

L'existence de ces diverses espèces de limites ne peut être révoquée en doute, puisque ce n'est que par leur moyen que nous jugeons de la figure des corps. Nous les considérons, par la pensée, chacune en particulier, en faisant abstraction d'une ou de deux des dimensions du corps, qui d'ailleurs ne sauraient être anéanties ; car comme nous ne pouvons que modifier les formes de la matière, nos opérations s'effectuent toujours sur des corps, et jamais sur des surfaces, des lignes ou des points : mais leur résultat s'éloigne d'autant moins de celui du raisonnement, que nous apportons plus de soin à diminuer les dimensions étrangères à celles de la limite que nous avons considérée sur le corps. Par le raisonnement, nous atteignons cette limite ; par le calcul, nous pouvons en approcher indéfiniment, tandis que l'exactitude des opérations mécaniques trouve ses bornes dans l'imperfection inévitable des instrumens.

2. Parmi les lignes, celle qui s'offre la première est la ligne droite, dont on donne une idée nette dès qu'on énonce que c'est le plus court chemin pour aller d'un point à un autre.

Dans cette idée se trouve aussi comprise la possibilité de prolonger la ligne droite indéfiniment au-delà de chacun des termes qu'on lui a d'abord assignés, et l'impossibilité de le faire de plusieurs manières.

Il est évident qu'il n'y a qu'une seule ligne droite : toute ligne qui n'est pas droite ou composée de plusieurs lignes droites, est *courbe* ; et l'on sent qu'il doit y avoir un nombre infini de lignes courbes.

Parmi les différentes surfaces qui terminent les corps, on remarque d'abord le *plan* ou la surface plane, qui diffère de toute autre, en ce qu'on peut y appliquer exactement, ou y tracer une ligne droite dans tous les sens ; il ne peut y avoir qu'une seule espèce de plan.

Toute surface qui n'est pas plane ou composée de plusieurs plans, est courbe ; et le nombre des surfaces courbes est infini.

J'exposerai successivement les propriétés les plus

remarquables des lignes, des surfaces et des corps, en me bornant à celles qu'il est indispensablement nécessaire de connaître pour étudier avec fruit les diverses branches des mathématiques pures et appliquées.

PREMIÈRE PARTIE.

SECTION PREMIÈRE.

Des propriétés des lignes droites et des lignes circulaires.

N. B. Pour toute cette première partie, les lignes représentées dans les figures sont situées sur un même plan.

DÉFINITIONS ET NOTIONS PRÉLIMINAIRES.

3. On ne considère, dans les élémens de Géométrie, que deux espèces de lignes, savoir : la *ligne droite*, ou simplement la *droite*, qui est le plus court chemin pour aller d'un point à un autre, et la *circonférence du cercle*, ou la *ligne circulaire*, dont tous les points, situés sur le même plan, sont également éloignés d'un autre point pris dans ce plan, et qu'on nomme le *centre*.

AB, *fig.* 1ère, est une droite. Il est évident (2) que FIG. 1. rien ne s'oppose à ce qu'on prolonge indéfiniment la droite *AB* en-deçà du point *A* et au-delà du point *B*, et qu'elle sera déterminée par deux autres quelconques de ses points, *C* et *D*, aussi bien que par les points *A* et *B* ; c'est-à-dire, que si l'on proposait de joindre par une droite les points *C* et *D*, le trait passerait sur la ligne *AB*.

FIG. 2.　*ABEA, fig.* 2, est une circonférence de cercle dont le centre est en *O*. Les droites *A O*, *B O*, *C O*, qui mesurent la distance des points quelconques *A*, *B*, *C*, de cette dernière ligne, au centre *O*, et qui sont toutes égales, se nomment les *rayons* du cercle; une partie quelconque de sa circonférence se nomme *arc*: enfin l'on entend par le *cercle* la portion du plan terminée de toutes parts par la ligne circulaire.

Il est visible que, pour trouver tous les points qui sont à une distance donnée *a o* du point *O*, il suffit de décrire de ce point, comme centre, et avec un rayon égal à *a o*, une circonférence de cercle.

Cela posé, je considérerai d'abord les lignes droites.

4. Mesurer la distance de deux points ou la longueur d'une droite, c'est chercher combien de fois cette droite en contient une autre, prise pour unité, ce qui se fait en portant la seconde sur la première, autant qu'il est possible; et si l'on trouve un reste, il faut tâcher d'évaluer ce reste en fraction de la seconde ou de l'unité.

En général, mesurer une ligne par une autre, c'est chercher le rapport de ces deux lignes, ou chercher s'il n'y a pas une ligne plus petite qui soit contenue un nombre exact de fois dans l'une et dans l'autre, et qui par conséquent soit la commune mesure de toutes deux. Cette recherche est donc, par rapport aux lignes, ce qu'est celle du commun diviseur à l'égard des nombres.

PROBLÈME.

5. *Deux droites étant données, trouver leur commune mesure, ou au moins le rapport approché de l'une à l'autre.*

FIG. 3.　*Solution.* Soient *AB* et *CD, fig.* 3, ces deux droites: on portera la plus petite *CD* sur la plus grande, autant de fois qu'elle pourra y être contenue; on trouvera qu'elle y est trois fois depuis *A* jusqu'en *E*, avec un reste *EB*;

en sorte que l'on aura

$$AB = 3\,CD + EB.$$

On portera ensuite sur CD le reste EB, qui s'y trouvera contenu quatre fois avec un second reste FD, ce qui donnera

$$CD = 4\,EB + FD.$$

On portera ce second reste sur EB; et comme il sera contenu une fois de E en G, avec un troisième reste GB, on aura

$$EB = FD + GB.$$

Enfin GB étant porté sur FD, et s'y trouvant trois fois, il viendra, pour dernier résultat,

$$FD = 3\,GB.$$

En remontant de la valeur de FD à celle de EB, de celle-ci à celle de CD, et de cette dernière à celle de AB, on trouvera successivement

$$FD = 3\,GB,\quad EB = 4\,GB,\quad CD = 19\,GB,\quad AB = 61\,GB:$$

d'où l'on voit que le dernier reste GB est la commune mesure des droites AB et CD; et puisqu'il est 61 fois dans la première, et 19 fois dans la seconde, il s'ensuit que ces droites sont entre elles dans le rapport de 61 à 19.

Rien ne doit être plus facile maintenant que d'appliquer ce procédé à tout autre exemple. La comparaison des restes successifs doit être poussée jusqu'à ce qu'on en trouve un qui soit contenu un nombre exact de fois dans celui qui le précède, ou qui soit tel, que le reste qu'il pourrait laisser dans cette opération, échappe aux sens par sa petitesse. C'est ainsi qu'on parviendra toujours à un résultat au moins approché.

6. Il est évident qu'une droite n'en peut rencontrer une autre qu'en un seul point (3).

7. L'espace indéfini BAC, *fig.* 4, compris entre deux FIG. 4. droites qui se coupent en un point A, et que l'on peut

concevoir prolongées autant qu'on le voudra, se nomme *angle*. Quoique cet espace ne soit pas fermé du côté *BC*, il est néanmoins bien distingué du reste du plan, par les limites *AB* et *AC*. Deux angles peuvent différer entre eux à cet égard ; la droite *AD*, par exemple, fait évidemment, avec *AB*, un angle plus grand que celui que font entre elles les droites *AB* et *AC*.

On désigne ordinairement un angle par trois lettres, en mettant au milieu celle qui occupe le point où les deux lignes se coupent, point qu'on nomme *sommet* de l'angle. L'angle formé par les droites *AB* et *AC*, est l'angle *BAC*. Quand il n'y a qu'un seul angle dans un point, comme en *a*, par exemple, on peut ne mettre que la lettre du sommet, et dire l'angle *a*.

8. Deux angles sont égaux lorsqu'étant posés l'un sur l'autre, ils se recouvrent parfaitement. L'angle *bac* sera égal à l'angle *BAC*, si, la droite *ab* étant posée sur *AB*, de manière que le point *a* soit sur le point *A*, l'autre droite *ac* tombe sur *AC*. Il n'est pas nécessaire, pour que l'égalité ait lieu, que les longueurs des lignes *AB* et *ab*, *AC* et *ac*, soient respectivement égales ; car on sent parfaitement que si dans les portions *Ab'* et *Ac'* de leurs longueurs, les droites *AB* et *AC* se confondent avec les droites *ab* et *ac*, il en sera de même dans tout le reste, lorsqu'on prolongera celles-ci d'une quantité suffisante (2).

9. La position respective de deux droites dépend de l'angle qu'elles font entre elles. Parmi toutes les situations qu'une droite peut avoir à l'égard d'une autre qu'elle rencontre, la plus remarquable est la situation *perpendiculaire*. C'est par ce mot que l'on désigne le cas où une droite *AC*, *fig.* 5, tombant sur une autre *AB*, fait, avec cette dernière, prolongée en-deçà du point *A* en *AD*, deux angles *BAC* et *DAC* égaux entre eux : c'est-à-dire qu'alors si on plie la figure le long de la ligne *AC*, la

portion *A B* de la droite *B D* doit se coucher sur l'autre portion *A D*.

Il est évident que, dans ce cas, la droite *AC* ne penche ni vers *D*, ni vers *B*.

Les angles *B A C* et *C A D* sont nommés *angles droits*.

Tout angle moindre qu'un droit se nomme *angle aigu*. L'angle *B A E* est un angle aigu.

Tout angle plus grand qu'un droit se nomme *angle obtus*. L'angle *B A F* est un angle obtus.

Il est visible qu'un angle droit doit en couvrir un autre ; que l'angle droit *A'B'D'*, *fig.* 6, par exemple, FIG. 6. étant placé sur l'angle droit *ABD*, doit le couvrir exactement. En effet, si l'on prend *AB = A'B'*, et qu'on porte ensuite la figure *A'C'D'* sur *ACD*, en faisant coïncider les points *A'* et *B'*, avec les points *A* et *B*, les droites *AC* et *A'C'* se couvriront parfaitement, puisqu'on n'en peut mener qu'une seule entre deux points donnés ; et si la ligne *B'D'* ne tombait pas alors sur *B D*, mais prenait une position *Bd*, les angles *A'B'D'*, *D'B'C'*, représentés par *ABd*, *dBC*, ne seraient pas égaux, et ne seraient par conséquent pas droits.

10. On voit, à l'inspection seule de la figure 5, que FIG. 5. la somme de tous les angles *BAE*, *EAC*, *CAF*, *FAD*, qu'on peut faire du même côté d'une droite et autour d'un de ses points pris pour sommet, équivaut toujours à deux droits, en quelque nombre que soient ces angles.

11. Lorsqu'une droite *AE* tombe sur une autre droite prolongée de part et d'autre du point de rencontre, elle fait, avec cette autre, deux angles *EAB* et *EAD*, qui, réunis ensemble, valent deux droits.

Deux droites *BD* et *EF*, *fig.* 7, qui se coupent, étant FIG. 7. prolongées au-delà de leur point de rencontre *A*, forment autour de ce point quatre angles qui sont opposés par le sommet deux à deux, savoir : *EAB* à *FAD*, *EAD* à *FAB*.

THÉORÈME.

12. *Les angles opposés par le sommet, que forment deux droites en se coupant, sont égaux.*

Démonstration. En effet, il résulte du numéro précédent, que la somme des angles BAE et DAE, placés du même côté de la droite DB, est égale à deux droits, et que celle des angles DAE et DAF, placés du même côté de la droite EF, est aussi égale à deux droits; ainsi les angles BAE et DAE réunis, équivalent aux angles DAE et DAF réunis. Retranchant de part et d'autre l'angle commun DAE, il restera l'angle BAE, égal à l'angle DAF, qui lui est opposé par le sommet.

On démontrerait de même que l'angle DAE est égal à BAF.

13. *Corollaire.* Il suit de la proposition précédente, FIG. 8. que si l'on continue au-dessous de AB, *fig.* 8, la droite AC, qui fait avec DB deux angles droits, CAB et CAD, son prolongement AE fera encore, de l'autre côté de AB, deux angles droits, BAE et DAE, puisque ces angles, étant opposés par le sommet aux angles CAD et CAB, qui sont supposés droits, seront eux-mêmes droits (9).

Il résulte encore de là que CE étant perpendiculaire sur DB, DB l'est aussi sur CE.

Si maintenant on mène par le point A tant de droites FG, HI, etc. qu'on voudra, il est visible que la somme de tous les angles BAF, FAC, CAH, HAD, DAG, GAE, EAI, IAB, que ces droites feront entre elles, ne composera jamais que quatre angles droits.

14. On ne peut enfermer un espace par un nombre de droites moindre que trois. Cet espace se nomme *triangle.* Les lignes qui le terminent se coupent deux à FIG. 9. deux, et forment trois angles : ABC, *fig.* 9, est un triangle dont les côtés sont AB, AC, BC, et les trois angles sont A, B, C.

Les premières propriétés du triangle servant de base à tout ce qui regarde la situation respective des droites, il convient de les faire connaître avant d'aller plus loin.

15. *Remarques.* Puisque la ligne droite AB, est le plus court chemin pour aller du point A au point B, il s'ensuit que la somme des deux autres côtés AC et BC du triangle ABC, surpasse AB ; et l'on verra de même que la somme de deux côtés quelconques d'un triangle surpasse toujours le troisième.

Mais si l'on prend dans l'intérieur d'un triangle ABC, un point quelconque E, et qu'on tire les droites AE et EB, la somme de ces droites sera moindre que celle des droites AC et BC qui les enveloppent. En effet, si l'on tire par le point E une droite GF, qui coupe en même temps les deux droites AC et BC, on aura

$$GF < GC + CF;$$

d'où il suit que le contour $AGFB$ sera moindre que la somme des droites AC et CB. Par la même raison,

$$AE < AG + GE, \quad EB < EF + FB;$$
$$\text{donc} \quad AE + EB < AG + GE + EF + FB,$$

ou plus petit que le contour $AGFB$, et par conséquent à plus forte raison plus petit que la somme des droites AC et BC.

On distingue six choses dans un triangle, savoir trois angles et trois côtés. Il y a entre ces six choses des relations nécessaires qui sont contenues dans les propositions suivantes.

THÉORÈME.

16. *Lorsque deux triangles ont un angle égal compris entre deux côtés égaux, chacun à chacun, ils sont égaux dans toutes les autres parties.*

Si l'angle C du triangle ABC, *fig.* 10, est égal à l'angle FIG. 10. C' du triangle $A'B'C'$, et que les côtés AC et BC, qui comprennent le premier de ces angles, soient respectivement égaux aux côtés $A'C'$ et $B'C'$, qui comprennent le second, le triangle ABC sera égal au triangle $A'B'C'$ dans toutes ses autres parties; c'est-à-dire que l'angle A sera égal à l'angle A', l'angle B à l'angle B', et le côté AB au côté $A'B'$.

Démonstration. Si l'on porte le triangle $A'C'B'$ sur le triangle ACB, de manière que le côté $A'C'$ tombe sur AC, en mettant le point C' sur le point C, le point A' se trouvera sur le point A, puisque $A'C' = AC$; de plus, les angles ACB et $A'C'B'$, étant égaux par l'hypothèse, se couvriront exactement, et le côté $C'B'$ tombera par conséquent sur le côté CB: enfin le point B' tombera sur le point B, puisque $CB = C'B'$. La droite $A'B'$ ayant ses deux extrémités sur celles de la droite AB, se confondra avec elle; le triangle $A'C'B'$ couvrira donc exactement le triangle ACB, et lui sera parfaitement égal.

Il est important de remarquer que les côtés égaux, ou ceux qui se couvrent lorsque les deux figures sont posées l'une sur l'autre, se trouvent opposés à des angles égaux dans chacun des triangles; ainsi, $A'B'$, qui se confond avec AB, est opposé à l'angle C' égal à l'angle C. Il en est de même dans les propositions suivantes.

17. *Corollaire.* Un triangle est entièrement déterminé par l'un de ses angles et les deux côtés qui le comprennent, puisque quand deux triangles sont égaux dans ces parties, ils le sont dans toutes les autres. On peut encore se convaincre de cette vérité, en observant que lorsque l'angle C est donné, la situation respective des côtés AC et CB l'est aussi; et si l'on a de plus leur longueur, qui fixe les points A et B, on ne peut joindre ces points que par la seule droite AB, et on n'obtient ainsi que le seul triangle ABC.

THÉORÈME.

18. *Lorsque deux triangles ont, chacun à chacun, un côté égal adjacent à deux angles égaux, ces triangles sont parfaitement égaux.*

Si le côté AB du triangle ABC est égal au côté $A'B'$ du triangle $A'B'C'$, et que les angles CAB et CBA du premier triangle soient respectivement égaux aux angles $C'A'B'$ et $C'B'A'$ du second, ces deux triangles seront égaux en tout.

Démonstration. Pour reconnaître la vérité de cette proposition, il faut concevoir que le triangle $A'B'C'$ soit posé sur le triangle ABC, de manière que le côté $A'B'$ soit placé sur son égal AB, savoir : le point A' sur le point A, et le point B' sur le point B. Il suit de l'égalité des angles CAB et $C'A'B'$, que le côté $A'C'$ doit tomber dans la direction du côté AC ; de même les angles CBA et $C'B'A'$ étant égaux, le côté $C'B'$ tombera dans la direction de CB, et le point C', commun aux deux côtés $C'A'$ et $C'B'$, se trouvera par conséquent sur le point C, commun aux deux côtés CA et CB : les deux triangles se couvriront parfaitement, et seront donc égaux dans toutes leurs parties.

THÉORÈME.

19. *Si les côtés* A'B' *et* B'C' *du triangle* A'B'C', fig. 11, *sont respectivement égaux aux côtés* AB *et* BC *du triangle* ABC, *et que l'angle* B', *compris entre les deux premiers, soit moindre que l'angle* B, *compris entre les deux derniers, le côté* A'C', *opposé à l'angle* B' *dans le triangle* A'B'C', *sera moindre que le côté* AC, *opposé à l'angle* B *dans le triangle* ABC.

Démonstration. En effet, lorsqu'on place le triangle $A'B'C'$ sur le triangle ABC, en posant $A'B'$ sur AB, le point C' ne peut prendre que les trois positions représentées en C'' dans les numéros 1, 2 et 3 de la figure.

FIG. 11.

Par la première, dans laquelle il tombe sur le côté AC, il est évident que AC'', qui représente $A'C'$, est moindre que AC.

Par la seconde, qui suppose le point C'' au-dedans du triangle ABC, on aurait

$$AC'' + BC'' < AC + BC \quad (15),$$

d'où il résulterait encore

$$AC'' \text{ ou } A'C' < AC,$$

puisque BC'', qui représente $B'C'$, est égal à BC, par l'hypothèse.

Enfin dans la troisième position, le point C'' étant extérieur au triangle ABC, on aurait

$$AC'' < OC'' + OA, \quad BC < OB + OC,$$

d'où l'on conclurait

$$AC'' + BC < OC'' + OA + OB + OC,$$

ce qui revient d'abord à

$$AC'' + BC < AC + BC'',$$

puisque $OC'' + OB = BC''$, $OA + OC = AC$; et retranchant ensuite de part et d'autre les lignes égales $B'C$ et BC'', il resterait toujours

$$AC'' \text{ ou } A'C' < AC.$$

20. *Corollaire.* Il suit de là que *deux triangles dont les trois côtés sont égaux chacun à chacun, sont égaux dans toutes leurs parties;* car si les côtés AB, AC, BC, du triangle ABC, *fig.* 10, sont respectivement égaux aux côtés $A'B'$, $A'C'$ et $B'C'$, du triangle $A'B'C'$, l'angle compris entre deux côtés quelconques du premier, sera égal à l'angle compris entre les deux côtés égaux à ceux-ci dans le second. Si, par exemple, l'un des deux angles B et B' était moindre que l'autre, l'un des côtés AC et $A'C'$ serait aussi moindre que l'autre (n° précéd.), ce qui est contre l'hypothèse : donc les triangles ABC et

$A'B'C'$ ont en même temps leurs côtés et leurs angles égaux chacun à chacun, et sont par conséquent égaux (16 ou 18).

PROBLÈME.

21. *Les trois côtés d'un triangle étant donnés séparément, décrire le triangle.*

Solution. Soient $M, N, P,$ *fig.* 12, les trois lignes don- FIG. 12. nées : ayant pris la première pour former le côté AB, on décrira du point A, comme centre, et d'un rayon égal à la seconde ligne N, un cercle CDC', puis du point B, comme centre, et d'un rayon égal à la troisième ligne P, un autre cercle CEC'. Leurs circonférences se couperont en deux points, C et C', situés l'un au-dessus de AB, et l'autre au-dessous. En joignant chacun de ces points avec les extrémités de la ligne AB, on formera deux triangles qui satisferont à la question, puisqu'ils auront leurs côtés respectivement égaux aux trois lignes données.

22. *Remarques.* Si l'on prenait trois lignes au hasard, il pourrait arriver que les circonférences des deux cercles décrits ne se rencontrassent pas. Cette circonstance aurait lieu, 1°. dans le cas où $P + N$ serait moindre que M. En effet, il est visible, et on le prouvera d'ailleurs dans la suite, que deux cercles ne peuvent se couper qu'autant que la distance de leurs centres est moindre que la somme de leurs rayons. 2°. Dans le cas où l'un des cercles embrasserait l'autre, c'est-à-dire, où l'on aurait

$$AD > AB + BF', \text{ ou } N > M + P.$$

Ces deux cas sont compris dans la condition générale, que la somme de deux côtés quelconques d'un triangle, est toujours plus grande que le troisième, et qu'on peut simplifier en l'énonçant ainsi : *La somme des deux plus petits côtés d'un triangle est toujours plus grande que le troisième.* En effet, la condition $N + P > M$ doit suffire lorsque N et P sont moindres que M, puisque dans ce cas, les conditions $N+M>P$ et $P+M>N$, sont nécessairement remplies.

La solution du problème précédent, qui met en état de construire un triangle égal à un autre, en faisant usage des côtés de ce dernier, offre le moyen de faire un angle égal à un autre.

PROBLÈME.

23. *Par un point donné, pris sur une ligne donnée, faire un angle qui soit égal à un angle donné.*

FIG. 13.   *Solution.* Soient, *fig.* 13, CAB l'angle donné, $A'B'$ la droite sur laquelle on veut construire le nouvel angle qui doit avoir son sommet en A' ; je prends sur les côtés du premier, à partir du sommet, deux distances, AB et AC, égales entre elles, et je joins, par une droite, les points C et B, où elles se terminent. Portant ensuite AB de A' en B', je n'ai plus qu'à décrire sur $A'B'$ un triangle dont les deux côtés $A'C'$ et $B'C'$ soient respectivement égaux à AC et à BC, ce qui se fait en marquant l'une des intersections C' des circonférences des cercles décrits avec les rayons AC et BC, des points A' et B' comme centres. Tirant $A'C'$, l'angle $C'A'B'$ sera égal à l'angle CAB, puisque les triangles CAB et $C'A'B'$ sont égaux par construction (21).

PROBLÈME.

24. *Un triangle étant donné, en construire un autre qui lui soit égal, en employant à la construction de cet autre un angle du premier et les deux côtés qui le comprennent.*

Solution. Si cet angle et ces côtés sont l'angle C et les FIG. 10. droites AC et BC, du triangle ABC, *fig.* 10, on fera sur la droite $A'C'$ un angle C' égal à C ; puis on prendra sur ses côtés $A'C'$ et $C'B'$, à partir du point C', des distances égales à AC et à BC, qui détermineront les points A' et B'; joignant ces points par une droite, on formera le triangle $A'C'B'$ égal au triangle ACB, par le numéro 16.

PROBLÈME.

25. *Un triangle étant donné, en construire un autre qui lui soit égal, en employant à la construction de ce dernier un côté du premier et les deux angles adjacens.*

Solution. AB étant ce côté, A et B les angles adjacens, on prendra sur la droite $A'B'$ une partie $A'B' = AB$; on fera, aux extrémités de $A'B'$, les angles A' et B', respectivement égaux aux angles A et B. Ayant ainsi la direction des droites $A'C'$ et $B'C'$, en les prolongeant jusqu'à ce qu'elles se rencontrent en C', on formera le triangle $A'B'C'$ égal au triangle ABC, par le numéro 18.

DES LIGNES PERPENDICULAIRES ET DES OBLIQUES.

THÉORÈME.

26. *Les lignes AC et CB, fig. 14, qui partent d'un* FIG. 14. *point quelconque C de la droite CD, perpendiculaire sur AB, et qui s'écartent également du pied de cette perpendiculaire, c'est-à-dire du point D, où elle rencontre la ligne AB, sont égales; et celles qui s'en écartent le plus sont les plus longues.*

Démonstration. Puisqu'on suppose que les distances AD et DB sont égales entre elles, que, par la nature de la perpendiculaire, les angles CDA et CDB sont égaux (9), et qu'enfin la ligne CD est commune aux deux triangles ACD et DCB, il s'ensuit que ces triangles ont un angle égal compris entre des côtés égaux chacun à chacun, et sont par conséquent égaux (16) : donc $BC = AC$; donc les lignes AC et BC, qui s'écartent également de la perpendiculaire CD, sont égales entre elles.

Si l'on tire par le point C la droite CE, qui s'écarte plus de CD que ne le fait CA, qu'on prolonge CD au-dessous de AB, d'une quantité $C'D = CD$, et qu'on tire les droites AC' et $C'E$, on aura

$$CE + C'E > CA + C'A \quad (15).$$

Mais les triangles CAD et $C'AD$ seront égaux, eu vertu du numéro 16, puisque les angles ADC et ADC' sont égaux (13), que les côtés CD et $C'D$ sont égaux par construction, et que le côté AD est commun à ces deux triangles ; on aura donc

$$CA = C'A.$$

On prouvera de même que $CE = C'E$, et il en résultera

$$2CE > 2CA \text{ ou } CE > CA,$$

ce qui montre que les lignes qui s'écartent le plus de la perpendiculaire sont les plus longues.

27. 1er *Corollaire*. Les lignes CA, CB, CE, se nomment *obliques*, par rapport à la ligne AB ; et l'on dit en conséquence que *les obliques qui s'écartent également de la perpendiculaire, sont égales, et que celles qui s'en écartent le plus sont les plus longues :* d'où il résulte évidemment que si deux obliques sont égales, elles ne tombent pas du même côté de la perpendiculaire, mais qu'elles s'en écartent également de chaque côté de son pied.

28. 2^c *Corollaire*. Il suit de là, 1°. que la perpendiculaire CD est la plus courte de toutes les lignes que l'on peut mener du point C sur la droite AB, et est par conséquent la mesure naturelle de la distance entre ce point et cette droite :

2°. Qu'elle a tous ses points à égale distance des points A et B ; car si l'on prend sur sa direction un point quelconque F, on aura encore

$$AF = FB :$$

3°. Qu'un point quelconque G, pris hors de la perpendiculaire, est inégalement éloigné des points A et B ; car
on a

$$BG < BF + FG ,$$

d'où

$$BG < AG ,$$

puisque $BF = AF$ et $AG = AF + FG :$

4°. Enfin que d'un point à une droite, on ne saurait
tirer trois droites égales.

<h3 style="text-align:center">PROBLÈME.</h3>

29. *Mener sur la ligne* AB, fig. 15, *une perpendicu-* FIG. 15.
laire qui la partage en deux parties égales.

Solution. Des points A et B, pris successivement pour
centre, et avec une ouverture de compas plus grande
que la moitié de AB, on décrira deux arcs de cercle, CF
et CE, qui se couperont en un point C (*). On fera la
même chose au-dessous de AB ; et joignant les points C
et C', la droite CC' sera la perpendiculaire demandée.
En effet, les triangles CBC' et CAC' sont égaux,
comme ayant tous leurs côtés égaux chacun à chacun (20),
puisque $AC = CB$, $AC' = BC'$, et que CC' est commun aux deux triangles ; les angles ACD et DCB sont
donc égaux entre eux. Les côtés AC et CD, CB et CD
qui les comprennent dans les triangles ACD et DCB,
étant respectivement égaux, ces derniers triangles sont
égaux par le n° 16 : donc l'angle ADC est égal à l'angle
CDB, et par conséquent droit ; et de plus, à cause de
$AD = BD$, le point D est le milieu de AB.

<h3 style="text-align:center">PROBLÈME.</h3>

30. *Par un point donné* D, fig. 16, *sur une droite* FIG. 16.
AB, *élever une perpendiculaire à cette droite.*

(*) Pour simplifier la figure, on n'a point tracé les circonférences
entières, comme dans la figure 12, mais seulement les portions voi-
sines de l'intersection cherchée. On en usera toujours ainsi désormais.

Géométrie. 11ᵉ édition.   2

Solution. De part et d'autre du point *D* de la ligne
AB, par lequel on veut elever la perpendiculaire,
on prendra des distances égales, *AD* et *BD* ; et des
points *A* et *B*, avec des rayons égaux, on décrira les deux
arcs de cercle *CF* et *CE*, qui se couperont au point *C* :
ce point étant joint avec le point *D*, la ligne *CD* sera
perpendiculaire sur *AB*. En effet, les droites *AC* et
CB étant égales, ainsi que les parties *AD* et *DB*, les
triangles *ACD* et *BCD*, ayant en outre un côté commun, *CD*, sont égaux ; et par conséquent *ADC=CDB*.

PROBLÈME.

FIG. 17.   31. *Par un point donné* C *, fig. 17, pris hors d'une
droite* AB *, abaisser une perpendiculaire sur cette droite.*

Solution. Du point *C*, comme centre, et d'un rayon pris à
volonté, mais cependant plus grand que la plus courte
distance du point *C* à la droite *AB*, on décrira un arc
de cercle qui coupera *AB* aux points *A* et *B*; on prendra
ensuite ces points pour centres, et avec le même rayon,
on décrira deux arcs de cercle qui, se coupant en *C'*,
détermineront un second point de la perpendiculaire
demandée *CC'*. En effet, les points *A* et *B* étant, par
construction, également éloignés du point *C*, et également éloignés du point *C'*, on prouvera, comme dans
le numéro 29, que les angles *ADC* et *BDC* sont droits.

THÉORÈME.

32. *D'un point* C *pris hors d'une droite* AB *, on ne
peut abaisser sur cette droite qu'une seule perpendiculaire* CD.

Démonstration. Les obliques *AC* et *BC* déterminées
dans le problème précédent, étant égales, doivent s'é-
carter également de la perpendiculaire (27), qui ne
peut passer par conséquent que par le point *D*, milieu
de l'intervalle *AB* ; or par les points *C* et *D*, on ne saurait mener que la seule droite *CD*, et toutes les obliques

qui seront égales deux à deux, quelle que soit d'ailleurs leur longueur, ne pourront rencontrer AB, qu'à des distances égales du point D. En effet si cela n'était pas pour les obliques EC et FC, par exemple, et que $DF > DE$, on pourrait prendre $DF' = DE$, et tirer $F'C$, qui serait égale à CE; il se trouverait alors du même côté de la perpendiculaire CD, deux obliques égales, ce qui est impossible (27) : donc l'arc de cercle décrit du rayon CE doit aussi rencontrer AB en F', et par conséquent la perpendiculaire CD est unique.

Quand le point d'où l'on doit mener la perpendiculaire, est pris sur la ligne proposée, le théorème est évident (9).

33. 1er *Corollaire*. Il suit de là que deux droites, DE et FG, perpendiculaires à une même droite AB, *fig.* 18, FIG. 18. ne se rencontrent point, quelque prolongées qu'on les suppose, soit au-dessus, soit au-dessous de cette droite; car si elles se rencontraient, on pourrait, du point où elles se coupent, abaisser deux perpendiculaires sur la droite AB, ce qui est absurde.

34. 2e *Corollaire*. Il suit encore de la même proposition, 1°. que deux triangles ABC, $A'B'C'$, *fig.* 19, FIG. 19. qui ont chacun un angle droit, l'un en A, l'autre en A', sont égaux lorsque leurs côtés BC et $B'C'$, respectivement opposés aux angles droits, ainsi qu'un de leurs autres angles, B et B', par exemple, sont égaux.

En effet, si l'on porte le triangle $A'B'C'$ sur le triangle ABC, en plaçant l'angle B' sur l'angle B, le côté $B'C'$ couvrira exactement son correspondant BC; le côté $A'B'$ tombera dans la direction de AB; et si le côté $A'C'$, dont l'extrémité C' se trouve sur le point C, ne s'appliquait pas exactement sur AC, il s'ensuivrait que l'on pourrait abaisser du point C deux perpendiculaires sur AB, confondu maintenant avec $A'B'$, quant à sa direction.

2°. L'égalité des mêmes triangles aurait encore lieu ; si les côtés AC et BC étaient respectivement égaux aux côtés $A'C'$ et $B'C'$; car en posant un de ces triangles sur l'autre, de manière que $A'C'$ fût sur AC, le côté $A'B'$ tomberait alors sur AB, parce que les angles BAC et $B'A'C'$ sont égaux comme droits ; les côtés BC et $B'C'$ devenant des obliques égales, placées d'un même côté de la perpendiculaire AC, s'en écarteraient également, et tomberaient par conséquent l'un sur l'autre.

35. *Remarques.* Le premier des cas d'égalité, démontré ci-dessus par rapport aux triangles qui ont un angle droit, a lieu également par rapport aux triangles quelconques, qui sont égaux dès qu'ils ont deux angles égaux chacun à chacun, et un côté égal, opposé au même angle dans l'un et dans l'autre ; mais ce cas n'est pas nécessaire pour ce qui suit, et il résulte d'ailleurs d'une proposition démontrée plus bas (51).

Il n'en est pas de même du second. Si dans les triangles ABC et $A'B'C'$ *fig*.20, on a $A=A'$, $AC=A'C'$, $BC=B'C'$, que l'angle A soit aigu, et que AC surpasse CB, on n'en pourra pas conclure que ces triangles soient égaux ; car ayant abaissé, dans le triangle $A'B'C'$, la perpendiculaire $C'D'$, on trouvera de chaque côté de cette perpendiculaire, deux obliques, $C'B'$ et $C'B''$, égales entre elles. Les triangles $C'A'B'$ et $C'A'B''$, entre lesquels l'angle A' et le côté $A'C'$ sont communs, rempliront donc les conditions données ; mais il n'y en a qu'un qui soit égal au triangle ABC : celui dans lequel l'angle B' est de même espèce que l'angle B, c'est-à-dire aigu, dans le cas de la figure. Il est d'ailleurs visible que l'angle $C'B''A'$ est obtus, puisqu'il repose sur la même droite que l'angle $C'B''B'=C'B'B''$.

FIG.20.

THÉORÈME.

36. *Lorsque deux côtés d'un triangle sont égaux, les angles opposés à ces côtés sont égaux ; et lorsqu'ils sont*

inégaux, le plus grand des deux est opposé au plus grand angle.

Démonstration. Si dans le triangle ABC, *fig.* 21, les FIG. 21. côtés AB et BC sont égaux entre eux, la perpendiculaire abaissée du point B sur le côté AC, passant par le milieu D de ce côté (32), partagera le triangle ABC en deux autres, qui seront égaux entre eux (16), puisque l'angle droit ADB de l'un sera compris entre les côtés AD et BD, respectivement égaux aux côtés DC et BD, qui comprennent l'angle droit BDC de l'autre : l'angle A sera donc égal à l'angle C.

A l'égard du triangle ACE, dans lequel les côtés AE et EC sont inégaux, il est évident que le point E, où se coupent ces deux côtés, doit tomber hors de la perpendiculaire BD, vers celle des extrémités de AC dont il est le plus près (28); et par conséquent dans l'angle FDC. Cela posé, en tirant BC, on formera le triangle ABC, dont les angles BCA et BAC seront égaux, d'après ce qui précède, puisque les côtés opposés AB et BC, le seront comme des obliques qui s'écartent également de la perpendiculaire; mais l'angle BCA étant intérieur à l'angle ECA, il s'ensuit que ce dernier, opposé au côté AE, surpasse l'angle EAC, opposé au côté EC plus petit que AE.

37. *Corollaire.* Il suit de là que si deux angles d'un triangle sont égaux entre eux, les côtés opposés à ces angles sont égaux entre eux; car s'ils étaient inégaux, l'angle opposé au plus grand des deux serait plus grand que l'autre angle, ce qui est contre l'hypothèse.

Les mêmes raisonnemens prouvent aussi que quand deux angles sont inégaux, le plus grand des deux côtés est celui qui est opposé au plus grand des deux angles ; puisque l'inégalité des angles entraîne celle des côtés, et que quand deux côtés sont inégaux, l'angle opposé au plus grand côté est toujours le plus grand.

Enfin, quand les trois côtés d'un triangle sont égaux, les trois angles sont égaux, et réciproquement.

38. Les triangles dont les côtés sont inégaux, se nomment *scalènes;* ceux qui ont deux côtés égaux, se nomment *isoscèles;* et ceux dont les trois côtés sont égaux se nomment *équilatéraux.*

THÉORIE DES PARALLÈLES.

39. Deux droites qui, quoique situées dans le même plan, ne se rencontrent pas, sont dites *parallèles* entre elles.

FIG. 18.   Deux droites, DE et FG, *fig.* 18, perpendiculaires à une même droite AB, sont donc parallèles entre elles (33).

40. *Remarque.* Tout ce qu'on va lire repose sur la vérité des propositions suivantes, dont l'évidence semble tenir immédiatement à la notion que nous avons de la FIG. 22. ligne droite. 1°. Si par le point D, *fig.* 22, on mène une droite HH', qui fasse, avec la ligne DB, un angle HDB, moindre que le droit EDB, ou qui soit inclinée vers la partie FG de la droite GG' perpendiculaire sur AB, elle rencontrera GG' lorsqu'elles seront suffisamment prolongées l'une et l'autre au-dessus de AB; 2°. si, par le même point D, on mène la droite II', qui fasse, avec DB, l'angle IDB plus grand que le droit EDB, comme elle fera au-dessous de AB, l'angle $I'DB$ moindre que le droit $E'DB$, elle inclinera vers la partie FG' de la droite GG' et rencontrera par conséquent, cette droite prolongée suffisamment au-dessous de AB.

De là résulte cette proposition, l'un des fondemens de la théorie des parallèles : *une droite qui est perpendiculaire à une autre, est rencontrée par toutes celles qui sont obliques sur cette autre ; et il n'y a par conséquent sur un plan que les droites perpendiculaires à une même*

*ligne qui ne se rencontrent pas ou qui soient parallèles
entre elles (*).*

(*) C'est dans la difficulté de prouver immédiatement cette proposition, que réside l'imperfection de la théorie des parallèles. Beaucoup d'auteurs ont fait, pour en venir à bout, des efforts inutiles ; et
d'autres, comme *Bezout*, ont dissimulé le vice du raisonnement, ce
qui me semble contraire au devoir rigoureux que s'impose tout
auteur d'ouvrages élémentaires, de ne donner jamais que des notions
exactes, et sur-tout d'en faire connaître avec soin l'origine. J'ai
jugé convenable de mettre en évidence ce point délicat, en formant, à l'exemple d'Euclide, une *demande*, mais que je crois plus
aisée à accorder que la sienne, parce qu'elle présente la difficulté
réduite à ses moindres termes. (Voyez dans les *Essais sur l'Enseignement*, le paragraphe des *Elémens de Géométrie.*)

Plusieurs Géomètres ont essayé de prouver la vérité de cette demande, soit directement, soit en transposant la difficulté ; presque
tous sont tombés dans de très grandes longueurs, ou dans l'incon-
vénient de compliquer par des raisonnemens obscurs, des propositions dont la preuve directe est extrêmement simple. On doit
cependant excepter de ce reproche la démonstration donnée par
M. *Bertrand* ; elle m'a paru la plus simple et la plus ingénieuse
de toutes celles que je connais ; en voici le fond.

Il est d'abord évident que si on ajoute un angle quelconque *edh*
un nombre suffisant de fois à lui-même, comme le montre la fig. 23, **FIG. 23.**
en hdh', $h'dh''$, $h''dh'''$, $h'''dh''''$, on parviendra toujours à
former un angle total edh'''' plus grand que l'angle droit edb ; mais
si l'on élève sur la droite DB les perpendiculaires DE et FG, prolongées indéfiniment, on formera une bande indéfinie $EDFG$, qui
ne saurait remplir l'angle droit EDB, quelque nombre de fois
qu'elle soit ajoutée à elle-même. En effet, si l'on prend $FK=DF$,
et qu'on élève KL perpendiculaire sur AB, que l'on plie ensuite la
figure le long de FG, la bande $EDFG$ couvrira exactement la
bande $GFKL$; car les angles GFD, GFK, étant droits, la
partie DF tombera sur FK ; et comme $DF=FK$ par construction,
le point D se placera sur le point K ; de plus, l'angle FKL étant
droit aussi bien que EDF, la ligne DE se placera sur KL. Cela
posé, puisqu'on peut prendre sur la droite indéfinie DB autant
qu'on voudra de parties égales à DF, sans arriver à son terme, on
formera un nombre aussi grand qu'on voudra de bandes égales à
$EDFG$, sans pouvoir couvrir l'espace indéfini compris entre les
deux côtés de l'angle droit EDB. Il suit de là que, considérées
relativement à leurs limites latérales, la surface de l'angle *edh* est
plus grande que celle de la bande $EDFG$. Si donc on construit dans

THÉORÈME.

FIG. 24. 41. *Lorsque deux droites, DE et FG, fig. 24, sont parallèles, toutes les droites, telles que LM, qui sont perpendiculaires sur l'une, le sont en même temps sur l'autre.*

Démonstration. Supposons que cela n'ait pas lieu, et que LM, perpendiculaire en M sur FG, ne le soit pas en L sur DE; on pourrait élever alors par le point L sur LM, une perpendiculaire qui serait différente de EL, et à laquelle EL serait intérieure ou extérieure, par rapport à FG. D'après la proposition du n° 40, EL devrait donc rencontrer GM, ce qui ne saurait arriver, puisque les droites DE et FG, sont parallèles; on ne peut donc pas élever sur LM, par le point L, une perpendiculaire différente de EL : ainsi LM est perpendiculaire à la fois sur DE et sur FG.

42. *Corollaire.* Il suit du théorème précédent, que deux droites parallèles à une troisième, sont aussi

---

cette bande, sur la droite ED, un angle EDH égal à edh, il ne pourra demeurer contenu entre les lignes ED et FG; son côté DH coupera nécessairement la droite FG.

Pour sentir la force de cette démonstration, il faut bien concevoir que lorsqu'on applique l'angle droit edb sur l'angle droit EDB, ces deux surfaces doivent toujours coïncider entre leurs limites latérales de et db, DE et DB, quelque loin qu'on les prolonge : alors on verra que si les angles construits dans les bandes n'en sortaient pas, ils laisseraient un vide indéfini, après la dernière bande, et un autre dans chaque bande; mais celui-ci, qui a toujours lieu près de leur sommet, est plus que compensé par les espaces qui leur deviennent communs quand ils sont sortis des bandes, parce que leurs côtés se croisant, ils se recouvrent en partie : tel est l'espace MNO, commun aux angles EDH, GFH. Avec cette explication, il ne doit rester, à ce que je crois, aucun doute fondé sur ce que l'infini entre dans les considérations précédentes; car il ne s'agit que de concevoir qu'il est toujours possible de placer dans l'angle droit un nombre de bandes qui surpasse un nombre donné, quelque grand que soit ce dernier.

parallèles entre elles. En effet, toute ligne perpendiculaire sur celle-ci, le sera aussi sur les deux premières, qui, se trouvant par là perpendiculaires à une même droite, ne pourront se rencontrer, et seront par conséquent parallèles entre elles.

THÉORÈME.

43. *Lorsque deux droites*, DE *et* FG, *parallèles entre elles*, fig. 25, *sont coupées par une droite quel-* FIG. 25. *conque* IH, *les angles* ELI *et* GMI, *qu'elles font avec cette dernière, d'un même côté, l'un en dedans, l'autre en dehors, sont égaux entre eux.*

Démonstration. Si du point K, milieu de LM, on abaisse sur l'une des droites ED, FG, la perpendiculaire DF, cette ligne sera en même temps perpendiculaire sur l'autre (41). Les triangles DLK, KFM, seront égaux (34), parce que les côtés LK et KM, respectivement opposés aux angles droits D et F, sont égaux par construction, et que de plus les angles DKL et MKF le sont aussi, comme étant opposés par le sommet : donc l'angle DLK ou ELI est égal à KMF, et par conséquent à GMI, opposé par le sommet à ce dernier.

THÉORÈME.

44. *Si deux droites*, DE *et* FG, *font, avec une troisième*, IH, *et du même côté, par rapport à celle-ci, des angles égaux*, ELI, GMI, *l'un en dedans, l'autre en dehors, ces deux droites seront parallèles entre elles.*

Démonstration. Si du point K, milieu de LM, on abaisse sur DE la perpendiculaire DF, on formera les triangles DLK et MKF, égaux entre eux (18), parce que, d'après l'hypothèse, l'angle DLK ou ELI est égal à l'angle KMF, opposé par le sommet à GMI, l'angle DKL est égal à MKF, comme opposé par le sommet, et enfin le côté LK est égal à KM, par construction. L'angle KFM sera donc égal à LDK, et droit par conséquent ; ainsi les deux droites *DE* et *FG* étant perpendiculaires l'une et l'autre à la même droite *DF*, seront parallèles entre elles.

45. *Remarques.* Le fréquent usage que l'on fait des propriétés des parallèles, a porté les géomètres à désigner par des noms particuliers les différens angles qu'elles font avec les droites qui les coupent, droites que pour cette raison on appelle *sécantes.*

FIG. 26.   Les angles tels que *ELI*, *GMI*, *fig.* 26, situés du même côté de la sécante *IH*, et dont l'ouverture est tournée du même côté, se nomment *angles correspondans.*

Les angles *DLM*, *FMI*, sont aussi des angles correspondans.

Tous les angles dont l'ouverture est entre les parallèles, sont compris dans la dénomination générale d'*angles internes*, et tous ceux dont l'ouverture est en dehors, s'appellent *angles externes.*

On distingue ensuite ces mêmes angles par leur position relativement à la *sécante.* Ceux qui sont du même côté par rapport à cette droite, sont des *angles internes* ou des *angles externes du même côté.*

ELM, *GML*, sont deux angles internes du même côté.

HLD, *IMF*, sont deux angles externes du même côté.

Les angles qui sont dans une situation opposée, tant par rapport à la sécante que par rapport aux parallèles, se nomment *angles alternes.* Il y a des *angles alternes internes*, comme *ELM* et *FML*, ou *DLM* et *GML* ; et des *angles alternes externes*, comme *HLD* et *GMI*, ou *HLE* et *FMI.*

THÉORÈME.

46. *Lorsque deux parallèles,* DE *et* FG, *sont coupées par une troisième ligne* IH,

1°. *Les angles correspondans sont égaux ;*

2°. *Les angles alternes internes sont égaux;*

3°. *Les angles alternes externes sont égaux;*

4°. *Les angles internes du même côté, réunis, forment deux angles droits;*

5°. *Les angles externes du même côté, réunis, forment deux angles droits;*

6°. *Lorsque l'une quelconque de ces propriétés a lieu, les droites DE et FG sont nécessairement parallèles.*

Démonstration. 1°. L'égalité des *angles correspondans* n'est autre chose que le théorème du n° 43, puisque les angles *ELI* et *GMI*, *fig.* 25, sont évidemment des FIG. 25. *angles correspondans*, d'après le sens attaché à ce mot. L'égalité de ces deux-là étant prouvée, celle de tous les autres angles correspondans s'en déduit sur-le-champ. Pour les angles *DLM* et *FMI*, par exemple, *fig.* 26, FIG. 26. on remarquera que la somme des angles *DLM* et *ELI*, qui reposent sur la même droite *DE*, est égale à deux droits (11); que, par la même raison, la somme des angles *FMI* et *GMI*, est aussi égale à deux droits. Retranchant de ces sommes égales les angles égaux *ELI* et *GMI*, les angles restans *DLM* et *FMI* seront nécessairement égaux.

2°. L'égalité des *angles alternes internes*, celle de *ELI, FMH*, par exemple, a lieu, parce que *FMH* est égal à *GMI*, son opposé par le sommet, et que celui-ci est égal à *ELI*, comme correspondant; les deux angles *ELI* et *FMH*, étant égaux à un troisième *GMI*, sont donc aussi égaux entre eux. En raisonnant d'une manière semblable, on reconnaîtrait l'égalité des angles *DLI* et *GMH*.

3°. L'égalité des *angles alternes externes*, celle de *DLH* et *GMI*, par exemple, a lieu, parce que *GMI* étant opposé par le sommet à *FMH*, lui est égal, et que ce dernier angle est égal à *DLH*, comme correspondant; les deux angles *DLH* et *GMI* étant donc égaux à un troisième *FMH*, sont égaux entre eux. C'est ainsi qu'on démontrerait l'égalité des deux angles *ELH*, *FMI*.

4°. Les *angles internes du même côté*, *ELI* et *GMH*, par exemple, pris ensemble, valent deux droits, parce que *ELI* et *GMI* sont égaux, comme correspondans, et que la somme des angles *GMI* et *GMH*, qui reposent sur la même droite *HI*, étant égale à deux droits (11), si l'on substitue à *GMI* son égal *ELI*, la somme des angles *ELI* et *GMH* demeurera la même que celle des angles *GMI* et *GMH*, et sera par conséquent égale à deux droits.

5°. Les *angles externes du même côté*, *ELH* et *GMI*, par exemple, pris ensemble, valent deux droits, parce que les angles *GMI* et *ELM* sont égaux comme correspondans, et que la somme des angles *ELM* et *ELH*, qui reposent sur la même droite *IH*, étant égale à deux droits (11), si l'on substitue à l'angle *ELM* son égal *GMI*, la somme des angles *GMI* et *ELH* sera la même que la précédente, et par conséquent encore égale à deux angles droits.

6°. Enfin lorsque l'une quelconque de ces propriétés a lieu, les droites *DE* et *FG* sont parallèles, parce que si c'est l'égalité des angles correspondans que l'on remarque d'abord, il suit du n° 44 que cette égalité entraîne nécessairement le parallélisme ; et quant aux quatre autres propriétés, il suffit d'observer que l'on conclut de chacune d'elles l'égalité des angles correspondans.

En effet, les angles alternes internes *ELI* et *FMH* ne peuvent être égaux sans que l'angle *GMI*, égal à *FMH*, comme son opposé par le sommet, ne le soit par conséquent à *ELI* : donc, dans ce cas, les angles correspondans *ELI* et *GMI* sont égaux.

Il en est de même des angles alternes externes *ELH* et *FMI*, puisque *FMI* et *GMH* étant égaux comme opposés par le sommet, *GMH* se trouve égal aussi à son correspondant *ELH*.

Quand on sait que la somme des angles internes ou

externes du même côté, est égale à deux droits, on s'assure, ainsi qu'il suit, que les angles correspondans sont égaux. Si, par exemple, la somme des angles *ELI* et *GMH* est égale à deux droits, l'angle *ELI* sera égal à deux angles droits moins l'angle *GMH* ; mais parce que les deux angles *GMH* et *GMI*, qui reposent sur une même droite, valent ensemble deux droits, l'angle *GMI* sera aussi égal à deux angles droits moins l'angle *GMH*, et par conséquent égal à son correspondant *ELI*, qui a la même valeur. On raisonnerait de la même manière pour les angles externes du même côté.

47. *Corollaire*. Puisque deux lignes parallèles jouissent toujours des propriétés précédentes, et que lorsque ces propriétés ont lieu par rapport à deux droites, celles-ci sont parallèles, il s'ensuit que les droites pour lesquelles ces propriétés n'ont pas lieu, ne sont point parallèles.

Par exemple, deux droites *DE* et *FG*, *fig.* 27, perpen- FIG. 27. diculaires à deux droites *AB* et *BC* qui se coupent, ne sont point parallèles ; car si l'on tire la sécante *IH*, il est visible que la somme des angles *EIH* et *GHI*, intérieurs du même côté, est moindre que celle des deux angles droits *EIB*, *GHB*.

PROBLÈME.

48. *Par un point donné* C, fig. 28, *mener une droite* FIG. 28. *parallèle à la droite donnée* AB.

Solution. Par le point *C*, on mènera une droite quelconque *CB* rencontrant *AB* ; puis on fera au point *C*, sur *CB*, l'angle *BCD* égal à l'angle *ABC* (23) ; la droite *CD*, obtenue par ce procédé, sera la parallèle demandée, puisqu'elle passera par le point *C*, et qu'en considérant *CB* comme sécante, les angles alternes internes *ABC* et *BCD* seront égaux par construction.

PROBLÈME.

49. *Par un point donné* C, *pris hors d'une droite* AB, fig. 29, *mener une droite qui fasse avec la pre-* FIG. 29. *mière un angle égal à un angle donné* A'.

Solution. Par un point quelconque A de la droite AB, on fera l'angle DAB égal à l'angle A' (23), et menant par le point C, parallèlement à AD (n° précéd.), la droite CE, elle fera (47) avec AB un angle CEB égal à DAB, et par conséquent à l'angle donné A'.

THÉORÈME.

FIG. 30.　　50. *Les angles* ABC, DEF, fig. 30, *qui ont les côtés parallèles et l'ouverture placée dans le même sens, sont égaux.*

Démonstration. Si on prolonge un côté quelconque du second angle, DE par exemple, jusqu'à ce qu'il rencontre un de ceux du premier, en considérant les parallèles EF et CH, par rapport à la sécante DH, on reconnaîtra que les angles DEF et DHC sont égaux comme correspondans (47); puis en considérant les parallèles AB et DH, par rapport à la sécante BC, on reconnaîtra que les angles ABC et DHC sont égaux comme correspondans : les deux angles DEF et ABC étant égaux à un troisième DHC, seront par conséquent égaux entre eux.

THÉORÈME.

51. *Les trois angles d'un triangle réunis, valent toujours deux angles droits.*

Démonstration. Si l'on mène par l'angle A du triangle FIG. 31. quelconque ABC, *fig.* 31, une droite AD parallèle au côté opposé BC, les angles ABC et EAD, formés sur la sécante AB, seront égaux comme correspondans (47); les angles DAC et ACB, alternes internes par rapport à la sécante AC, seront aussi égaux (47) : donc l'angle EAC, composé des angles EAD et DAC, sera égal à la somme des angles ABC et ACB du triangle proposé; et en joignant à l'angle EAC le troisième angle CAB, on aura, autour du point A et sur la droite EB, trois angles, *EAD*, *DAC*, *CAB*, équivalens à ceux du triangle *ABC*, et égaux à deux droits (10).

N. B. Il peut être utile de se rappeler que l'angle *EAC* se nomme *angle extérieur* du triangle *ABC*, et qu'il vaut à lui seul les deux intérieurs opposés *ABC*, *ACB*.

52. *Corollaire*. Il suit du théorème ci-dessus, que quand deux angles, d'un triangle sont respectivement égaux à deux angles d'un autre triangle, le troisième angle de l'un est aussi égal au troisième angle de l'autre, puisque ce dernier angle, réuni aux deux premiers dans chaque triangle, compose de part et d'autre une somme égale.

On voit encore par là qu'un triangle ne peut avoir qu'un seul angle droit, et à plus forte raison qu'un seul angle obtus.

53. On nomme triangle *rectangle* celui qui a un angle droit, *acutangle* celui qui n'a que des angles aigus, *obtusangle* celui qui a un angle obtus ; et les deux dernières espèces sont comprises sous la dénomination générale de triangles *obliquangles*.

Il est visible que, dans le triangle équilatéral, dont tous les angles sont égaux (37), chaque angle est les deux tiers d'un droit.

THÉORÈME.

54. *Les parties AC et BD*, fig. 32, *de deux droites* FIG. 32. *parallèles interceptées entre deux droites parallèles, sont égales entre elles, et réciproquement.*

Démonstration. Si l'on tire la droite *AD*, on formera deux triangles *ABD* et *ACD*, qui seront égaux ; car en prenant *AD* pour sécante des parallèles *AB* et *CD*, on verra que les angles *BAD* et *ADC* sont égaux comme alternes internes (47) ; regardant ensuite la même droite comme sécante des parallèles *AC* et *BD*, on reconnaîtra que les angles *ADB* et *DAC* sont égaux, par la même raison ; de plus, le côté *AD* étant commun aux deux triangles *ABD* et *ACD* , ces triangles seront égaux (18) : les côtés *AC* et *BD* , opposés à des angles égaux *ADC* et *BAD* , seront donc égaux , ce qui fait le sujet de la proposition. Il en sera de même des côtés *AB* et *CD*.

Réciproquement, si les parties *CD* et *AB* sont égales, ainsi que les parties *AC* , *BD*, les triangles *ACD* et *ABD* auront leurs côtés égaux chacun à chacun , et seront par conséquent égaux. L'égalité des angles *CAD*, *ADB*, alternes internes, établira le parallélisme des droites *AC* et *BD* (47) , et l'égalité des angles *BAD* et *CDA*, celui des droites *AB* , *CD*.

On prouverait sans plus de difficulté que les droites *CD* et *AB* sont égales et parallèles, dès que les droites *AC* et *BD* sont égales et parallèles entre elles.

55. *Corollaire.* La proposition précédente ne cesserait pas d'être vraie, quand même les droites *AC* et *BD* seraient perpendiculaires sur *AB* et *CD* , puisqu'elles seraient toujours parallèles entre elles ; mais alors les parties *AC* et *BD* mesurant la distance des deux droites *AB* et *CD* , il s'ensuit que deux parallèles sont partout également éloignées l'une de l'autre.

THÉORÈME.

FIG. 33.　56. *Si deux droites quelconques AF et GM, fig. 33, sont coupées par un nombre quelconque de parallèles , AG, BH, CI, etc. menées par des points pris à des distances égales sur la première, les parties GH, HI, IK, etc. de la seconde, seront aussi égales entre elles.*

Démonstration. En menant par les points *G*, *H*, *I*, etc. les droites *GN*, *HO* , *IP*, etc. parallèles à *AF* , on forme les triangles *GNH*, *HOI*, *IPK* , etc. dans lesquels les côtés *NG* , *OH*, *IP* , etc. étant respectivement égaux à AB, BC, CD, etc. comme parallèles comprises entre parallèles (54) sont égaux entre eux. Les angles NGH, OHI, PIK, etc. sont égaux comme correspondans, par rapport à la sécante GM; et enfin les angles GNH, HOI, IPK, etc. sont égaux, parce qu'ils ont les côtés parallèles et l'ouverture placée dans le même sens (5o). Ces triangles ayant donc, chacun à chacun, un côté égal, adjacent à deux angles égaux, sont égaux (18); d'où il suit que les côtés GH, HI, IK, etc. le sont aussi.

57. *Corollaire.* Il suit de ce qui précède, que AB est contenu dans AF, autant que GH l'est dans GM; ensorte qu'on a cette proportion:

$$AB : AF :: GH : GM,$$

que l'on peut changer en cette autre:

$$AB : GH :: AF : GM;$$

et de cette dernière on tire

$$2AB : 2GH :: AF : GM,$$
$$3AB : 3GH :: AF : GM,$$
$$\text{etc.,}$$

c'est-à-dire, qu'un nombre quelconque de parties de AF est à un pareil nombre de parties de GM, comme la droite entière AF est à la droite entière GM.

THÉORÈME.

58. *Trois parallèles AG, DK, FM, fig. 34, coupent toujours deux droites quelconques, AF et GM, en parties proportionnelles, ou de manière qu'on a*

$$AD : DF :: GK : KM.$$

FIG. 34.

Démonstration. Il peut arriver deux cas: 1°. que AD soit commensurable avec AF, c'est-à-dire, que le rapport de AD avec AF puisse s'exprimer exactement par deux nombres. Je suppose, par exemple, qu'on ait

$$AF:AD::47:25;$$

si l'on conçoit la droite AF divisée en 47 parties égales, AD en contiendra 25, et DF 22. Menant ensuite par toutes les divisions des parallèles à AG, la droite GM se trouvera divisée en 47 parties égales, dont 25 composeront GK, et 22 composeront KM; on aura donc

$$AD:DF::25:22,$$
$$GK:KM::25:22,$$

d'où il suit

$$AD:DF::GK:KM.$$

De plus, à cause des proportions

$$AF:AD::47:25,$$
$$GM:GK::47:25,$$

on obtiendra encore

$$AF:AD::GM:GK.$$

2°. Si AF et AD sont incommensurables, on prouvera, ainsi qu'il suit, que leur rapport ne peut être ni plus petit ni plus grand que celui de GK à GM.

Soit d'abord

$$AF:AD::GM:GI,$$

GI étant plus petit que GK. On peut toujours diviser le côté AF en parties assez petites pour qu'en menant par tous les points de division des parallèles à FM, il en passe une, de, entre les points I et K; on aura, d'après ce qui précède, à cause de la commensurabilité de AF à Ad,

$$AF:Ad::GM:Ge.$$

Les antécédens de cette proportion étant les mêmes que ceux de la précédente, on en conclura cette nouvelle proportion entre les conséquens de l'une et de l'autre :

$$AD:Ad::GI:Ge,$$

résultat absurde, puisque AD étant plus grand que Ad, GI est plus petit que Ge.

On ne peut pas avoir non plus

$$AF : AD :: GM : GI',$$

GI' étant plus grand que GK ; car ayant divisé AF de manière qu'une des parallèles $d'e'$ tombe entre les points K et I', on aura

$$AF : Ad' :: GM : Ge'.$$

Faisant une nouvelle proportion entre les conséquens de cette dernière et ceux de la précédente, on aura

$$AD : Ad' :: GI' : Ge',$$

résultat encore absurde, puisque AD étant plus petit que Ad', GI' est plus grand que Ge' : il faut donc nécessairement que le quatrième terme de la proportion formée des droites AF, AD, GM, soit GK.

On tire de la proportion $AF : AD :: GM : GK$,

$$AF - AD : AD :: GM - GK : GK,$$

ou
$$DF : AD :: KM : GK,$$

ou enfin
$$AD : DF :: GK : KM,$$

en renversant les deux rapports (*).

59. 1er *Corollaire.* Si, par le point G, on tire la droite GN parallèle à AF, on aura

$$GO = AD, \; ON = DF \; (54);$$

____

(*) On éprouvera peut-être quelque difficulté à transporter aux parties de l'étendue la notion de rapport, telle qu'on la conçoit à l'égard des nombres, sur-tout lorsqu'il s'agira de lignes incommensurables entre elles ; mais l'obscurité disparaîtra, si l'on fait attention qu'on ne peut comparer deux lignes qu'en les supposant rapportées à une commune mesure (5), et qu'alors leur rapport est vraiment un nombre, ou une fraction dont les termes sont exprimés par les nombres de mesures communes comprises dans chaque droite. Quoique cette fraction cesse d'être rigoureusement assignable dans le cas où le rapport est incommensurable, elle n'en existe pas moins, puisqu'on peut en approcher d'aussi près qu'on voudra ; et deux rapports incommensurables devront être regardés comme égaux, dès qu'on prouvera que, quelque loin que soit poussée l'approximation pour l'un et pour l'autre, leur différence demeurera toujours nulle.

et par ce qui précède ,

$$GO : ON :: GK : KM,$$
$$GO : GN :: GK : GM.$$

Si donc on mène dans un triangle une droite OK, parallèle à l'un des côtés NM, les deux autres côtés GN et GM seront coupés en parties proportionnelles par cette droite.

60. 2e *Corollaire*. Réciproquement, lorsqu'une droite coupe deux côtés d'un triangle en parties proportionnelles, elle est parallèle au troisième.

FIG. 35.   En effet, si dans le triangle ABC, *fig.* 35, on avait

$$AB : Ae :: AC : Af,$$

et que la ligne ef ne fût pas parallèle à BC, on pourrait mener, par le point e, une droite eH parallèle à BC, et qui donnerait

$$AB : Ae :: AC : AH\,(59),$$

proportion dont les trois premiers termes sont les mêmes que ceux de la précédente ; il s'ensuit donc que $AH = Af$, que par conséquent les droites ef et eH se confondent, et que la première est nécessairement parallèle à BC.

FIG. 36.   61. 3e *Corollaire*. La droite BD, *fig.* 36, qui divise en deux parties égales l'un des angles B d'un triangle quelconque ABC, partage le côté opposé AC en deux segmens proportionnels aux côtés adjacens, c'est-à-dire que l'on a cette proportion :

$$AD : DC :: AB : BC.$$

Cela se prouve, en menant CE parallèle à BD et rencontrant en E, AB prolongée. Il en résulte, par le n° 59,

$$AD : DC :: AB : BE ;$$

de plus, le triangle CBE est isocèle ; car l'angle BCE est égal à CBD, comme alterne interne par rapport à la sécante BC, l'angle BEC l'est à l'angle ABD, comme correspondant par rapport à la sécante AE, et les angles ABD et CBD sont égaux comme moitiés du même angle ABC : donc les angles BCE et BEC le sont aussi ; donc BE est égal à BC (37) ; donc enfin $AD:DC::AB:BC$.

PROBLÈME.

2. *Trouver une quatrième proportionnelle à trois lignes données*, M, N, P, fig. 37, *ou le quatrième* FIG. 37. *terme de cette proportion :*

$$M : N :: P : x.$$

Solution. On tirera deux droites indéfinies AB et AC, faisant entre elles un angle quelconque ; on prendra sur la première, de A en B, une distance AB égale à M, et de A en D une distance égale à N ; puis on portera sur la seconde, de A en C, la troisième droite P. On joindra par une droite, les points B et C, et tirant par le point D, parallèlement à BC, la droite DE, on aura dans AE la quatrième proportionnelle demandée, puisque

$$AB : AD :: AC : AE \, (59),$$

ce qui donne

$$M : N :: P : AE.$$

Si les deux droites N et P étaient égales entre elles, la ligne AE, donnée par la proportion

$$M : N :: N : AE,$$

serait ce que les géomètres ont appelé *troisième proportionnelle*. La construction de ce cas ne diffère pas de celle du précédent ; le point C tombe alors en c, et la droite De, parallèle à Bc, coupe sur AC la partie Ae, égale à la troisième proportionnelle cherchée, puisqu'on a

$$AB : AD :: Ac : Ae,$$
$$\text{ou } M : N :: N : Ae.$$

63. Deux triangles sont *semblables*, lorsque les angles de l'un sont respectivement égaux aux angles de l'autre,

38   ÉLÉMENS

et que les côtés qui, dans l'un et dans l'autre, sont opposés à des angles égaux ; et que, pour cette raison, on nomme *côtés homologues*, sont proportionnels.

Ces deux conditions sont liées entre elles de manière que l'une entraîne toujours l'autre.

THÉORÈME.

64. *Lorsque deux triangles* ABC *et* EDF, fig. 38, *ont leurs angles égaux chacun à chacun, leurs côtés homologues sont proportionnels, et ils sont par conséquent semblables.*

Démonstration. Si on prend sur AB et AC deux parties Ae et Af, respectivement égales à DE et à DF, et qu'on tire ef, les triangles eAf et EDF seront égaux, puisque, par l'hypothèse, l'angle A de l'un est égal à l'angle D de l'autre, et que les côtés Ae et Af sont égaux à DE et à DF, par construction (16). L'angle Aef étant égal à E, le sera par conséquent à B, et ef sera parallèle à BC ; on aura donc la proportion

$$Ae : AB :: Af : AC \,(59),$$
$$\text{ou} \quad DE : AB :: DF : AC.$$

Tirant ensuite Gf, parallèlement à AB, on obtiendra

$$Af : AC :: BG : BC,$$
$$\text{ou} \quad DF : AC :: EF : BC,$$

puisque BG est égal à ef (54), qui l'est à EF. Réunissant cette dernière proportion avec la première par le moyen du rapport $DF : AC$, qui est commun à l'une et à l'autre, on aura cette suite de rapports égaux :

$$DE : AB :: DF : AC :: EF : BC,$$

de laquelle il résulte que les côtés homologues des triangles ABC, DEF, sont proportionnels entre eux.

65. *Corollaire.* Il suit de la proposition précédente, que deux triangles sont semblables, 1°. lorsqu'ils ont seulement deux angles égaux chacun à chacun, puisque

le troisième angle de l'un est nécessairement égal au troisième angle de l'autre (52);

2°. Lorsque leurs côtés sont respectivement parallèles;

3°. Lorsque leurs côtés sont respectivement perpendiculaires.

La seconde partie est évidente pour les triangles placés comme ABC et DEF; car les angles, tels que A et D, qui ont leur ouverture tournée dans le même sens, sont égaux (50).

A l'égard des triangles placés dans une situation renversée, comme le montre la figure 39, si on prolonge le FIG. 39. côté EF du triangle DEF, de manière qu'il en coupe deux du triangle ABC, en G et en H, les angles AGH et DEF seront égaux comme alternes externes, par rapport aux parallèles AB, DE, et à la sécante FH; les angles AHG et DFE, le seront comme alternes internes, par rapport aux parallèles AC, DF; et le triangle EDF sera par conséquent semblable au triangle AGH, qui le sera lui-même au triangle ABC, puisque les angles AHG et AGH sont égaux aux angles ACB, ABC, comme correspondans, par rapport aux parallèles GH, BC, et aux sécantes AC, AB.

Il est évident que les côtés homologues, dans le cas actuel, sont parallèles entre eux.

Pour prouver la dernière partie, soient les deux triangles ABC et DEF, *fig.* 40, placés de manière que FIG. 40. le côté EF soit perpendiculaire sur BC prolongé, que DF prolongé le soit sur AC, et enfin que DE prolongé le soit sur AB; par le point A, opposé au côté BC, perpendiculaire sur EF, on mènera les droites AG et AH, respectivement parallèles aux deux autres côtés DF et DE, du triangle DEF, et par conséquent perpendiculaires l'une sur AC, l'autre sur AB. Les angles CAG et BAH seront droits d'après l'hypothèse; si on ajoute à chacun le même angle CAH, les deux angles résultans BAC et GAH seront égaux; mais les angles

GAH et *EDF*, ayant par construction leurs côtés parallèles et leur ouverture tournée dans le même sens, sont égaux : l'angle *BAC* sera donc égal à *EDF*.

Menant ensuite, par le point *B*, les droites *BI* et *BK* parallèles aux côtés *EF* et *DE*, on formera les angles droits *CBI* et *ABK*, desquels retranchant une partie commune *ABI*, il restera les angles égaux *ABC*, *IBK*; et le second étant égal à *DEF*, à cause du parallélisme des droites *BI* et *EF*, *BK* et *DE*, on en conclura que *ABC* est aussi égal à *DEF*. Les triangles *ABC* et *DEF* ayant deux angles égaux chacun à chacun, sont par conséquent semblables.

On voit de plus que les côtés homologues sont ceux qui sont respectivement perpendiculaires, puisque l'angle *D* étant égal à l'angle *A*, le côté *EF* est homologue à *BC*, et ainsi des autres.

THÉORÈME.

66. *Deux triangles sont semblables lorsqu'ils ont un angle égal, chacun à chacun, compris entre des côtés proportionnels.*

Démonstration. Si l'angle *A* du triangle *ABC*, FIG. 38. *fig.* 38, est égal à l'angle *D* du triangle *DEF*, et qu'on ait *AB* : *DE* :: *AC* : *DF*, on prendra sur les côtés *AB* et *AC* du premier triangle, deux parties, *Ae* et *Af*, respectivement égales à *DE* et à *DF*; tirant *ef*, on formera le triangle *Aef* égal au triangle *DEF* (16); et la droite *ef* coupant les côtés du triangle *BAC* en parties proportionnelles, puisqu'on aura

$$AB : DE \text{ ou } Ae :: AC : DF \text{ ou } Af,$$

sera parallèle à *BC* (60). Les angles *e* et *f*, respectivement égaux aux angles *E* et *F*, le seront aussi aux angles *B* et *C*; et par conséquent les triangles *ABC* et *DEF* ayant leurs angles égaux, seront semblables (64).

THÉORÈME.

67. *Deux triangles qui ont les côtés proportionnels, chacun à chacun, sont semblables.*

Démonstration. Soit dans les triangles ABC, DEF, cette suite de rapports égaux :

$$AB : DE :: AC : DF :: BC : EF.$$

Si l'on prend sur AB une partie Ae égale à DE, et qu'on mène une droite ef parallèle à BC, les triangles ABC et Aef, semblables entre eux (65), donneront

$$AB : Ae :: AC : Af :: BC : ef;$$

mais parce que Ae est égal à DE, tous les rapports de la seconde suite seront égaux à ceux de la première, et comme les antécédens sont les mêmes de part et d'autre, les conséquens seront aussi les mêmes : on aura donc

$$Af = DF, \quad ef = EF.$$

Il suit de là que le triangle DEF est égal au triangle Aef; et comme ce dernier est semblable au triangle ABC, il en sera de même du premier.

PROBLÈME.

68. *Construire sur une droite donnée* EF, *un triangle semblable au triangle* ABC.

Solution. On peut construire un triangle semblable à un autre, en partant des divers caractères par lesquels la similitude de ces figures est constatée. Si l'on veut donc former sur la droite donnée EF, un triangle qui soit semblable au triangle ABC, on y parviendra,

1°. en menant par les points E et F, des droites qui fassent avec EF des angles E et F, respectivement égaux aux angles B et C (65) :

2°. En faisant au point E, sur EF, un angle égal à l'angle B ; et portant sur le côté DE de cet angle, une distance DE quatrième proportionnelle aux trois lignes BC, EF AB ; de cette manière, les deux triangles seront encore semblables, comme ayant, chacun à chacun, un angle égal compris entre des côtés proportionnels (66) :

3°. Enfin, en cherchant une quatrième proportionnelle aux trois lignes BC, EF, AB, une autre aux trois lignes BC, EF, et AC, et construisant sur les deux lignes trouvées et sur EF, un triangle DEF; les triangles DEF et ABC seront semblables, comme ayant leurs côtés proportionnels (67).

THÉORÈME.

69. *Tant de lignes,* AB, AC, AD, AE, AF, *qu'on voudra,* fig. 41, *menées par un même point* A, *et rencontrées par deux parallèles* GL *et* BF, *sont coupées par ces parallèles en parties proportionnelles, et les coupent aussi en parties proportionnelles.*

FIG. 41.

Démonstration. Les triangles BAC, GAH, étant semblables, (65), on a par ces triangles,

$$AB : AG :: AC : AH :: BC : GH;$$

par les triangles CAD et HAI,

$$AC : AH :: AD : AI :: CD : HI;$$

par les triangles DAE et IAK,

$$AD : AI :: AE : AK :: DE : IK;$$

par les triangles EAF et KAL,

$$AE : AK :: AF : AL :: EF : KL.$$

Tous ces rapports sont égaux, puisque le second de chaque suite est le premier de celle qui vient après. Ne prenant d'abord que ceux qui renferment les lignes menées du point A, on aura

$$AB : AG :: AC : AH :: AD : AI :: AE : AK :: AF : AL;$$

puis réunissant ceux qui contiennent les parties des parallèles BF et GL, il viendra

$$BC : GH :: CD : HI :: DE : IK :: EF : KL,$$

ce qui fait voir que ces lignes sont coupées en parties proportionnelles.

En considérant les triangles BAC, CAD, DAE, EAF, comme ayant deux de leurs côtés coupés par une droite parallèle au troisième, on a (59),

$$AG : BG :: AH : HC,$$
$$AH : HC :: AI : ID,$$
$$AI : ID :: AK : KE,$$
$$AK : KE :: AL : LF,$$

d'où on tire

$$AG : BG :: AH : HC :: AI : ID :: AK : KE :: AL : LF,$$

et d'où il résulte que les droites AB, AC, AD, AE, AF, sont coupées en parties proportionnelles.

PROBLÈME.

70. *Diviser une droite donnée, de la même manière qu'une autre est divisée.*

Solution. Soient gl la ligne à diviser, et BF la ligne déjà divisée. On décrira sur cette dernière un triangle BAF, dont les trois côtés soient égaux, ce qui s'effectuera suivant le procédé du n° 21, en prenant la ligne BF elle-même pour rayon des deux cercles à décrire des points B et F, comme centres; portant ensuite gl de A en G, sur le côté AB, et de A en L, sur le côté AF, on tirera GL; les droites qui joindront les points C, D, E, avec le point A, couperont la ligne GL en parties proportionnelles à celles de BF, comme le demande l'énoncé de la question.

En effet, puisque $AB = AF$, $AG = AL$, on a la proportion évidente :

$$AB : AG :: AF : AL,$$

de laquelle il résulte (60) que GL est parallèle à BF. Le triangle GAL étant donc semblable à BAF, donnera cette proportion :

$$AB : AG :: BF : GL;$$

et comme , par construction , $BF = AB$, on aura nécessairement $GL = AG = gl$. Cela posé, d'après le
théorème précédent, les droites parallèles GL et BF
sont divisées en parties proportionnelles, ou l'une comme
l'autre.

Si la ligne à diviser était $g'l'$, plus grande que BF,
il faudrait prolonger indéfiniment les côtés AB et AF,
au-dessous de BF; portant ensuite $g'l'$ sur AB, de
A en G', et sur AF, de A en L', on tirerait $G'L'$, et les
prolongemens des droites AC, AD, AE, diviseraient
$G'L'$, aux points H', I', K', en parties proportionnelles
à celles de BF.

71. *Remarque.* La question précédente peut encore
se résoudre comme il suit :

FIG. 42.   Soit AH, *fig.* 42, la droite à diviser. On tirera par le
point A une droite indéfinie AP, faisant, avec AH, un
angle quelconque PAH, sur laquelle on portera, à la
suite les unes des autres, les parties dans lesquelles est
partagée la ligne dont les divisions sont connues; on
joindra l'extrémité P de la dernière avec l'extrémité H
de la ligne à diviser; puis, par les points I, K, L, M,
N et O, on mènera, parallèlement à PH, les droites
IB, KC, LD, ME, NF, OG, qui couperont AH
en parties proportionnelles à celles de AP.

Ce dernier procédé se démontre en observant que,
dans le triangle ACK, dont les côtés AC et AK sont
coupés par BI parallèle au troisième côté CK, on
a (59)

$$AB : AI :: AC : AK :: BC : IK;$$

le triangle ADL, considéré par rapport à la droite CK,
donne

$$AC : AK :: AD : AL :: CD : KL;$$

le triangle AEM, considéré par rapport à la droite LD,
donne

$$AD : AL :: AE : AM :: DE : LM,$$

et ainsi des autres. Toutes ces suites de rapports égaux

s'enchaînent par le moyen du second rapport de chacune, qui se trouve le premier dans celle qui vient
après; ne prenant donc que les rapports qui contiennent
les divisions de la droite AP, on aura

$AB : AI :: BC : IK :: CD : KL :: DE : LM$, etc.,

ce qui montre que les parties AB, BC, CD, etc. de
AH, sont proportionnelles aux parties AI, IK, KL, etc.
de AP.

On simplifie un peu ce dernier procédé, en menant
par le point H une ligne QH parallèle à AP, et sur
laquelle on prend, en commençant au point H, des
parties HX, XV, VU, UT, etc. respectivement égales à
PO, ON, NM, ML, etc.; les droites PH, OX, NV, etc.
qui joindront les points de division correspondans, étant
parallèles (54); couperont la droite AH en parties
proportionnelles à celles de AP ou de HQ.

72. 1er *Corollaire.* Si, dans la figure 41, les parties
de la droite BF, et dans la figure 42, celles de AP,
étaient égales entre elles, celles de la droite GL dans
la première, et de la droite AH dans la seconde,
seraient aussi égales entre elles.

Il suit de là que le procédé du n° 70 et celui du n° 71,
peuvent servir à diviser une ligne droite dans un nombre
quelconque de parties égales. Il faut pour cela regarder d'abord la droite BF, *fig.* 41, comme indéfinie; FIG. 41.
puis prenant sur cette droite une partie BC d'une grandeur arbitraire, la porter à la suite d'elle-même un
nombre de fois égal à celui des parties dans lesquelles
la droite donnée GL doit être divisée : le point F, où
se termineront ces parties, sera l'extrémité de la ligne
BF, et on achèvera la construction comme dans le n° 70.

Par le procédé du n° 71, c'est sur la droite AP, *fig.* 42, FIG. 42.
considérée comme indéfinie, qu'il faut porter successivement des parties égales et arbitraires, puisque AH
représente la ligne donnée.

73. 2e *Corollaire.* La division des droites en parties

égales, est le fondement de la construction des *échelles*, c'est-à-dire, des droites qui servent à mesurer les autres. En effet, si l'on avait divisé d'abord en parties

FIG. 3. égales la droite *CD*, *fig.* 3, il n'y aurait eu qu'à chercher combien *AB* contenait de ces parties, pour avoir le rapport de *AB* à *CD*, au moins d'une manière d'autant plus approchée, que les parties de *CD* auraient été plus petites. L'imperfection des instrumens et les bornes de nos sens nous forcent bientôt de nous arrêter dans la division des lignes dont les parties nous échappent par leur petitesse; pour étendre nos moyens à cet égard, on a imaginé la division par les *transversales*, repré-

FIG. 43. sentée dans la figure 43, dont voici la construction.

Ayant premièrement divisé la ligne *AC* en un nombre quelconque de parties égales, telles que *BC*, et voulant ensuite diviser *BC* en un nombre de parties trop grand pour que chacune de ces dernières puisse être bien distincte, on mènera sur *AC*, par les points *A* et *C*, les perpendiculaires $AA^{\prime\prime\prime\prime}$, et *CL*; on prendra sur $AA^{\prime\prime\prime\prime}$ une partie arbitraire *AA′*, qu'on portera à la suite d'elle-même autant de fois que l'on voudra faire de parties dans *BC* (la figure en représente quatre); par les points de division A', A'', A''', A'''', on tirera des droites parallèles à *AC*; enfin on joindra les points *B* et *L* par la ligne *transversale BL*.

Cela fait, si l'on mène la ligne *BK* parallèle à *CL*, on formera les triangles *BDE*, *BFG*, *BHI*, *BKL*, évidemment semblables entre eux (65), qui donneront ces proportions :

$$BD : BK :: DE : KL,$$
$$BF : BK :: FG : KL,$$
$$BH : BK :: HI : KL,$$

desquelles il résulte, 1°. que *BD* étant le $\frac{1}{4}$ de *BK*, *DE* l'est aussi de *KL* ou de *BC*, qui est égal à *KL* (54); 2°. que *BF* étant les $\frac{2}{4}$ ou la $\frac{1}{2}$ de *BK*, *FG* l'est aussi de

KL ou de *BC*; 3°. que *BH* étant les $\frac{3}{4}$ de *BK*, *HI*
l'est aussi de *KL* ou de *BC*.

On voit par là qu'en prenant sur la première, la
seconde et la troisième des droites parallèles à *AB*, les
distances *A'E*, *A"G*, *A'''I*, respectivement égales à
A'D+DE, *A"F+FG*, *A'''H+HI*, on aura

$$AB+\tfrac{1}{4}BC,\quad AB+\tfrac{2}{4}BC,\quad AB+\tfrac{3}{4}BC.$$

Ceci suffit pour montrer comment on peut construire
une échelle de transversales pour obtenir des divisions
quelconques, et l'usage qu'on peut en faire.

Une semblable échelle prend le nom d'échelle de
dixmes, quand elle contient dix parallèles à *AB*, parce
qu'elle donne alors les dixièmes de *BC*.

THÉORÈME.

*74. Si de l'angle droit d'un triangle rectangle, on
abaisse une perpendiculaire sur le côté opposé, qu'on
nomme* hypoténuse, *1°. cette perpendiculaire partagera
le triangle en deux autres qui lui seront semblables,
et qui le seront par conséquent entre eux;*

*2°. Elle divisera l'hypoténuse en deux parties ou
segmens, tels que chaque côté de l'angle droit sera
moyen proportionnel entre le segment qui lui est adjacent, et l'hypoténuse entière;*

*3°. La perpendiculaire sera moyenne proportionnelle
entre les deux segmens de l'hypoténuse.*

Démonstration. Le triangle *ABC*, *fig.* 44, étant sup-   FIG. 44.
posé rectangle en *B*, et *BD* étant perpendiculaire sur
AC, les triangles *ABC* et *ABD* seront semblables (65);
car ils auront, chacun à chacun, deux angles égaux,
savoir : l'angle *A*, qui leur est commun à tous deux, et
l'angle droit *ABC*, dans le premier, égal à l'angle
droit *ADB*, dans le second. Le triangle *BDC* est, par
les mêmes raisons, semblable au triangle *ABC*, puisque l'angle *C* leur est commun, et que l'angle *BDC* de
l'un est droit, ainsi que l'angle *ABC* de l'autre.

Si on compare successivement chacun des deux triangles ABD et BDC, avec le triangle ABC, en observant que les angles ABD et CBD sont respectivement égaux aux angles C et A, on trouvera, entre leurs côtés homologues, ces proportions :

$$AD : AB :: AB : AC,$$
$$CD : BC :: BC : AC,$$

qui constituent la seconde partie de la proposition.

Comparant ensuite les triangles ABD et BCD l'un à l'autre, on aura

$$AD : BD :: BD : CD,$$

ce qui forme la troisième partie de l'énoncé ci-dessus.

75. *Corollaire.* Il suit du théorème précédent, que, les trois côtés d'un triangle rectangle étant rapportés à une mesure commune, la seconde puissance du nombre qui exprime la longueur de l'hypoténuse, est égale à la somme des secondes puissances des nombres qui expriment les longueurs des deux autres côtés.

En effet les proportions

$$AD : AB :: AB : AC,$$
$$CD : BC :: BC : AC,$$

donnent

$$AD = \frac{\overline{AB}^2}{AC}, \qquad CD = \frac{\overline{BC}^2}{AC}$$

et en ajoutant AD avec CD, on a

$$AC = \frac{\overline{AB}^2 + \overline{BC}^2}{AC} \quad \text{ou} \quad \overline{AC}^2 = \overline{AB}^2 + \overline{BC}^2.$$

Il suit de là que l'on peut trouver l'hypoténuse d'un triangle rectangle dont on a les deux autres côtés. Si, par exemple, $AB = 3$, $BC = 4$, on aura

$$\overline{AC}^2 = 9 + 16 = 25, \text{ d'où } AC = \sqrt{25} = 5.$$

On peut aussi trouver un des côtés de l'angle droit,

quand on connaît l'autre et l'hypoténuse, parce que de

$$\overline{AC}^2 = \overline{AB}^2 + \overline{BC}^2,$$ on tire $\overline{AB}^2 = \overline{AC}^2 - \overline{BC}^2.$ Si,
par exemple, $AC = 13$, $BC = 12$, on aura

$$\overline{AB}^2 = 169 - 144 = 25, \text{ d'où } AB = 5.$$

En général, $AC = \sqrt{\overline{AB}^2 + \overline{BC}^2}$, $AB = \sqrt{\overline{AC}^2 - \overline{BC}^2}.$

THÉORÈME.

76. *Les trois côtés d'un triangle quelconque étant rapportés à une mesure commune, et exprimés par conséquent en nombres, si de l'extrémité de l'un quelconque de ces côtés, on abaisse une perpendiculaire sur l'un des deux autres, la seconde puissance du premier sera égale à la somme des secondes puissances des derniers, moins deux fois le produit du côté sur lequel tombe la perpendiculaire, par la distance de cette perpendiculaire à l'angle opposé au premier côté, si cet angle est aigu, et plus deux fois le même produit, si cet angle est obtus : c'est-à-dire qu'on aura, dans le premier cas, fig. 45 et 46,*

$$\overline{AC}^2 = \overline{AB}^2 + \overline{BC}^2 - 2\,\overline{AB} \times \overline{BD},$$

et dans le deuxième, fig. 47,

$$\overline{AC}^2 = \overline{AB}^2 + \overline{BC}^2 + 2\,\overline{AB} \times \overline{BD}.$$

Démonstration. Quand la perpendiculaire CD, *fig.* 45, FIG. 45. partage ABC en deux triangles, ACD et BCD, rectangles en D, le premier donne d'abord, en vertu du n° précédent,

$$\overline{AC}^2 = \overline{AD}^2 + \overline{CD}^2,$$

et l'on tire du second

$$\overline{CD}^2 = \overline{BC}^2 - \overline{BD}^2.$$

D'après cette valeur de $\overline{CD}^2$, celle de $\overline{AC}^2$ devient

$$\overline{AC}^2 = \overline{AD}^2 + \overline{BC}^2 - \overline{BD}^2;$$

Géométrie. 11ᵉ édition.   4

mais il est visible que $AD = AB - BD$, nombre
dont le quarré est $\overline{AB}^2 - 2\,\overline{AB} \times \overline{BD} + \overline{BD}^2$ (*) :
mettant cette valeur dans l'expression de $\overline{AC}^2$, on aura
enfin

$$\overline{AC}^2 = \overline{AB}^2 - 2\overline{AB} \times \overline{BD} + \overline{BD}^2 + \overline{BC}^2 - \overline{BD}^2,$$

ce qui se réduit à

$$\overline{AC}^2 = \overline{AB}^2 + \overline{BC}^2 - 2\overline{AB} \times \overline{BD}.$$

FIG. 46.   Dans la figure 46, où la perpendiculaire tombe
hors du triangle, la différence consiste en ce que

$$AD = BD - AB\,;$$

mais on a toujours pour le quarré

$$\overline{AB}^2 - 2\overline{AB} \times \overline{BD} + \overline{BD}^2,$$

ainsi $\overline{AC}^2$ a la même valeur que ci-dessus : voilà le premier cas du théorème.

FIG. 47.   Lorsque le côté AC, *fig. 47*, est opposé à un angle
obtus, la perpendiculaire tombant nécessairement hors
du triangle ABC, on trouve encore par les triangles
ACD et BCD, rectangles en D,

$$\overline{AC}^2 = \overline{AD}^2 + \overline{CD}^2, \quad \overline{CD}^2 = \overline{BC}^2 - \overline{BD}^2\,;$$

on en conclut

$$\overline{AC}^2 = \overline{AD}^2 + \overline{BC}^2 - \overline{BD}^2\,;$$

mais on a $AD = AB + BD$, valeur dont le quarré est
$\overline{AB}^2 + 2\overline{AB} \times \overline{BD} + \overline{BD}^2$, et de laquelle il résulte

$$\overline{AC}^2 = \overline{AB}^2 + 2\overline{AB} \times \overline{BD} + \overline{BD}^2 + \overline{BC}^2 - \overline{BD}^2,$$

(*) Dans cette proposition, où je regarde les lignes comme évaluées en nombres, j'ai dû supposer connue la composition de la
seconde puissance d'un nombre égal à la somme ou à la différence de
deux autres; composition à laquelle on peut d'ailleurs parvenir par
le raisonnement seul, sans le secours des caractères algébriques.

ce qui se réduit à

$$\overline{AC}^2 = \overline{AB}^2 + \overline{BC}^2 + 2\overline{AB} \times \overline{BD} :$$

tel est le second cas de l'énoncé.

N. B. Les parties *AD* et *BD* déterminées sur le côté *AB*, par la perpendiculaire *CD*, se nomment *segmens*.

77. *Corollaire.* En rapprochant ce théorème du précédent, on en conclura que l'on peut, lorsqu'on connaît les trois côtés d'un triangle, déterminer si l'angle opposé à l'un quelconque de ces côtés, est aigu, droit ou obtus. En effet, dans le premier cas, où

$$\overline{AC}^2 = \overline{AB}^2 + \overline{BC}^2 - 2\overline{AB} \times \overline{BD},$$

il est évident que la seconde puissance de *AC* est moindre que la somme de celles des deux autres côtés *AB* et *BC*. Dans le second cas, l'angle *B* étant droit, on a seulement

$$\overline{AC}^2 = \overline{AB}^2 + \overline{BC}^2;$$

ainsi la deuxième puissance de *AC* est égale à la somme de celles des deux autres côtés. Dans le troisième cas enfin, où l'on a $\overline{AC}^2 = \overline{AB}^2 + \overline{BC}^2 + 2\overline{AB} \times \overline{BD}$, la seconde puissance de *AC* surpasse la somme de celles des deux autres côtés.

Ces remarques étant appliquées au triangle dont les côtés sont exprimés par 5, 7, 8, et leurs secondes puissances par 25, 49, 64, il en résulte que l'angle opposé au côté 8 est aigu, puisque la seconde puissance de ce côté étant 64, se trouve moindre que la somme 74 des secondes puissances des deux autres côtés.

Il est bon d'observer que l'espèce de l'angle opposé au plus grand côté, fera connaître celle du triangle (53).

DES POLYGONES.

78. Les surfaces planes terminées par un assemblage quelconque de lignes droites, se nomment *polygones.*

Le plus simple de tous est le *triangle*. Les polygones de quatre côtés se nomment en général *quadrilatères*,

de cinq, *pentagones;*
de six, *hexagones;*
de sept, *heptagones;*
de huit, *octogones;*
de neuf, *ennéagones;*
de dix, *décagones;*
etc.

On ne pousse guère cette nomenclature au-delà du polygone de dix côtés, que pour le *dodécagone*, polygone de douze côtés, et le *péntédécagone*, qui en a quinze.

FIG. 48 et 49. Dans les figures 48 et 49, *ABCDEF* représente un polygone de six côtés, ou un *hexagone*. Tous les angles de la première figure ayant leur ouverture en dedans du polygone, sont des angles *saillans;* l'angle *DEF* de la figure 49 est un angle *rentrant*, parce qu'il a son ouverture en dehors du polygone.

Les lignes telles que *CA*, *CF*, etc., tirées entre des angles du polygone, qui ne sont pas adjacens au même côté, se nomment *diagonales*.

79. Parmi les quadrilatères ou polygones de quatre côtés, on désigne particulièrement sous le nom de *parallélogramme*, celui dont les côtés opposés sont parallèles. *ABCD*, *fig.* 50, est un parallélogramme.

FIG. 50.

Il suit du n° 54, 1°. que chaque diagonale *AC* et *BD*, partage le parallélogramme en deux triangles égaux;

2°. Que les côtés opposés, *AB* et *DC*, *AD* et *BC*, d'un parallélogramme, sont respectivement égaux;

3°. Que, réciproquement, si les côtés opposés d'une figure de quatre côtés sont égaux, ou bien si deux côtés opposés sont égaux et parallèles, cette figure est un parallélogramme.

THÉORÈME.

80. *Les deux diagonales* AC *et* BD, *d'un parallélogramme, se coupent mutuellement en deux parties
égales.*

Démonstration. Les triangles AOD et BOC sont
égaux (18); car les côtés AD et BC sont égaux par
l'hypothèse, les angles DAO, OCB, sont égaux comme
alternes internes, par rapport à la sécante AC et aux
parallèles AD, BC, et les angles ADO et OBC, le
sont aussi comme alternes internes, par rapport à la
sécante BD : donc $AO = OC$, $DO = OB$.

THÉORÈME.

81. *En joignant l'un des angles d'un polygone à
tous les autres, on partage ce polygone en un nombre
de triangles égal à celui de ses côtés, diminué de deux
unités.*

Démonstration. Cette proposition est presque évidente par l'inspection de la figure 48, où l'on voit que FIG. 48.
les diagonales CA, CF, CE, menées de l'angle C aux
angles A, F et E, partagent le polygone $ABCDEF$, de
six côtés, en quatre triangles, ACB, ACF, FCE,
ECD. On se convaincra qu'elle convient à un polygone
d'un nombre quelconque de côtés, en observant que les
deux triangles extrêmes, tels que ACB, ECD, entre
lesquels seront compris tous ceux que peut renfermer
le polygone proposé, contiendront chacun deux de ses
côtés, tandis que tous les autres n'en contiendront
qu'un seul : il y aura donc dans ces deux triangles quatre
côtés du polygone ; le nombre des triangles intermédiaires sera par conséquent égal à celui des côtés
du polygone, diminué de quatre ; et le nombre total
des triangles sera, comme le porte l'énoncé, égal à
celui des côtés du polygone, diminué de deux unités.

82. *Corollaire.* Il suit de là que la somme de tous les angles intérieurs, *ABC*, *BCD*, *CDE*, *DEF*, *EFA*, *FAB*, d'un polygone, vaut autant de fois deux droits qu'il a de côtés moins deux, puisque cette somme se compose de celles des angles de tous les triangles *ACB*, *ACF*, *FCE*, *ECD*, qui valent chacune deux droits, et que le polygone contient un nombre de ces triangles égal à celui de ses côtés, diminué de deux unités.

FIG. 49. Dans la figure 49, l'angle rentrant *DEF* est extérieur, et non pas intérieur. En faisant partir les diagonales du sommet *E* de cet angle, on voit évidemment qu'il est remplacé dans la somme des angles intérieurs par celle des angles *DEC*, *CEB*, *BEA*, *AEF*, et que, réuni à cette dernière, il forme quatre droits (13).

THÉORÈME.

83. *Si l'on prolonge dans le même sens, comme dans*
FIG. 48. *le premier polygone de la figure 48, tous les côtés d'un polygone qui n'a point d'angles rentrans, la somme des angles extérieurs formés par chaque côté et par le prolongement de celui qui lui est contigu, est égale à quatre droits, quel que soit d'ailleurs le nombre des côtés du polygone.*

Démonstration. Chaque angle extérieur, comme *a AB*, réuni avec l'intérieur *BAF*, auquel il est adjacent, forme une somme égale à deux droits, et qui se trouve répétée, pour tout le polygone, autant de fois qu'il a de côtés ou d'angles; la somme des angles, tant extérieurs qu'intérieurs, vaudra donc autant de fois deux droits que le polygone a de côtés. Retranchant de cette somme celle des angles intérieurs, égale à autant de fois deux droits que le même polygone a de côtés moins deux, il restera deux fois deux droits, ou quatre droits, pour la somme des angles extérieurs.

84. *Remarque.* Deux polygones sont égaux lorsqu'ils sont composés d'un même nombre de triangles égaux et semblablement disposés, ou assemblés de la même manière ; car il est évident que, placés l'un sur l'autre, ces polygones se couvriront parfaitement.

THÉORÈME.

85. *Lorsqu'on connaît tous les côtés d'un polygone, à l'exception d'un seul, et qu'on connaît aussi les angles compris entre les côtés donnés, le polygone est déterminé, et peut être construit.*

Démonstration. En effet, si, dans le polygone $ABC\,DEF$, on connaît les côtés AB, BC, CD, DE, EF, et les angles qu'ils comprennent, on pourra sur $A'B'$ $= AB$, faire l'angle $A'B'C' = ABC$, puis prendre $B'C' = BC$; faire au point C', sur $B'C'$, l'angle $B'C'D'$ $= BCD$, puis prendre $C'D' = CD$; faire au point D', sur $C'D'$, l'angle $C'D'E' = CDE$, puis prendre $D'E'$ $= DE$; faire au point E', l'angle $D'E'F' = DEF$, et prendre enfin $E'F' = EF$. Étant parvenu ainsi au point F', il n'y aura qu'une seule manière de le joindre avec le point A', et de *fermer* le polygone $A'B'C'D'E'F'$.

Il est visible que ce polygone sera égal, dans toutes ses parties, au polygone $ABCDEF$; car si on le porte sur ce dernier, en plaçant $A'B'$ sur AB, à cause de l'égalité des angles ABC et $A'B'C'$, le côté $B'C'$ tombera sur son égal BC; et continuant ainsi de proche en proche, on reconnaîtra que les points A', B', C', D', E', F', tomberont respectivement sur les points A, B, C, D, E, F : d'où il suit que les deux polygones se couvriront parfaitement.

86. *Remarque.* Il y a plusieurs autres cas d'égalité entre deux polygones ; je n'ai voulu donner dans le précédent qu'un exemple de cette égalité, pour montrer qu'un polygone d'un nombre quelconque N de côtés, et renfermant par conséquent un nombre N

d'angles, ce qui fait en tout 2*N* choses, est déterminé par la connaissance de 2*N* — 3 de ces choses. On
observera ici, comme on l'a dû remarquer dans les différens cas d'égalité des triangles, que les *N* angles ne
doivent compter que pour *N* — 1 données ; puisque leur
somme est toujours donnée (82).

87. On nomme *polygones semblables* ceux dont les
angles sont égaux, et dont les côtés homologues (ou
semblablement placés) sont proportionnels.

THÉORÈME.

88. *Deux polygones composés d'un même nombre
de triangles semblables chacun à chacun, et semblablement disposés, ont leurs angles égaux chacun à
chacun, leurs côtés homologues proportionnels, et
sont par conséquent semblables.*

FIG. 51.   *Démonstration.* Soient *BAEDC* et *baedc*, *fig.* 51,
les polygones proposés : les triangles *ABC*, *abc*, étant
semblables, ont leurs angles égaux : ainsi l'on a

$$B = b, \quad BAC = bac,$$

Par la même raison, les triangles *ACE* et *ace* donnent

$$CAE = cae, \quad CEA = cea;$$

d'où il suit que l'angle *BAE*, formé des angles *BAC*
et *CAE*, dans le premier polygone, est égal à l'angle
bae, formé des angles *bac* et *cae*, dans le second. On
prouvera de même l'égalité des angles *AED* et *aed*,
EDC et *edc* ; quant aux derniers angles *BCD* et *bcd*,
il est visible qu'ils sont égaux, puisqu'ils sont formés,
l'un des angles *BCA*, *ACE*, *ECD*, l'autre des angles
bca, *ace*, *ecd*, qui sont respectivement égaux aux
premiers, comme angles homologues de triangles semblables.

En formant les proportions qui résultent de la similitude des triangles *ABC* et *abc*, *ACE* et *ace*, *ECD*

et *ecd*, on aura

$$BC : bc :: AB : ab :: AC : ac,$$
$$AC : ac :: AE : ae :: CE : ce,$$
$$CE : ce :: ED : ed :: CD : cd.$$

Le premier rapport de chaque suite, formé par les côtés qui sont communs aux triangles adjacens, étant le même que le dernier de la précédente, ces rapports sont tous égaux entre eux : en ne prenant donc que ceux qui contiennent les côtés des polygones, il viendra

$$BC : bc :: AB : ab :: AE : ae :: ED : ed :: CD : cd,$$

ce qui prouve que les côtés homologues sont proportionnels.

THÉORÈME.

89. *Lorsque deux polygones sont semblables, ils sont composés d'un même nombre de triangles semblables chacun à chacun, et semblablement disposés.*

Démonstration. Puisque, par l'hypothèse, les angles de l'un des polygones sont respectivement égaux à ceux de l'autre, et les côtés homologues du premier sont proportionnels à ceux du second, on aura d'abord l'angle B égal à l'angle b, et

$$BC : bc :: AB : ab;$$

d'où il suit que les triangles ABC et abc sont semblables (66) : les angles BAC et bac seront donc égaux. Si on les retranche des angles BAE et bae, égaux comme appartenant aux polygones, les restes CAE et cae seront égaux ; de plus, les triangles semblables, ABC et abc, donnant $AB : ab :: AC : ac$, et les polygones $AB : ab :: AE : ae$, on aura

$$AC : ac :: AE : ae;$$

d'où il suit que les triangles CAE, cae, sont encore semblables (66). On prouvera de même la similitude de tous les triangles de chacun des polygones, en quelque nombre que soient ces triangles.

PROBLÈME.

90. *Construire sur une ligne donnée, un polygone semblable à un polygone donné.*

Solution. Soient bc et $BAEDC$ la droite et le polygone donnés ; on fera sur bc, par l'un des procédés du n° 68, un triangle abc semblable au triangle ABC, ce qui déterminera le point a ; pour avoir le point e, on fera de même sur ac, un triangle cae, semblable au triangle CAE, et ainsi de suite. Le polygone $abcde$ sera semblable au polygone $ABCDE$, puisqu'ils seront composés l'un et l'autre d'un même nombre de triangles semblables chacun à chacun, et semblablement disposés.

Si l'on portait le côté bc sur BC, de C en b', il suffirait de tirer par le point b' la droite $b'a'$ parallèle à BA, puis par le point a' la droite $a'e'$ parallèle à AE, etc. pour former les triangles $b'Ca'$, $a'Ce'$, etc. respectivement semblables aux triangles BCA, ACE, etc., le polygone $b'a'e'd'C$ serait construit ainsi sur le côté donné, et semblable au polygone $BAEDC$.

91. *Remarque.* Dans ce qui précède, j'ai mené toutes les diagonales d'un même angle ; mais on peut partager des polygones en triangles de plusieurs autres manières, et les propositions ci-dessus s'étendent également à ces cas, parmi lesquels il en est un qu'il est bon de connaître : c'est celui où on lie tous les angles du polygone aux deux extrémités de l'un de ses côtés. Ce cas est représenté dans la figure 52, où l'on a joint les points C, D, E, aux points A et B, par des diagonales.

FIG. 52.

1°. Il est clair que la position des trois premiers est fixée, à l'égard de la droite AB, dès que les triangles ABC, ABD, ABE, sont donnés ; et l'on voit bien évidemment de cette manière, que, pour déterminer un polygone, il ne faudra qu'un nombre de triangles moindres de deux unités que celui des angles ou des côtés du polygone. On voit aussi que si N désigne ce dernier nombre, la détermination de la figure dépendra des $2(N{-}2)$ diagonales menées de chacun des angles de la base, et de cette base; ce qui fait en tout $2N{-}3$ données (86).

2°. On démontrera sans difficulté, à peu près comme dans les numéros 88 et 89, que si les triangles ABC et abc, ABD et abd, ABE et abe, sont respectivement semblables, les polygones $ABCDE$ et $abcde$ le seront aussi, et que, réciproquement, si ces polygones sont semblables, les triangles correspondans le seront eux-mêmes (*).

THÉORÈME.

92. *Si l'on tire dans deux polygones semblables, deux droites qui soient semblablement placées dans chacun d'eux, c'est-à-dire qui passent par des points semblablement placés sur les côtés homologues, et qui fassent avec ces côtés des angles égaux entre eux, ou bien qui coupent, dans chaque polygone, deux côtés homologues en parties proportionnelles, ces droites seront proportionnelles aux côtés homologues des polygones.*

Démonstration. Soient les droites GF et gf, menées par des points G et g, où l'on ait $BG : bg :: AB : ab$, et sous des angles FGB et fgb qui soient égaux; les triangles BGC et bgc seront alors semblables, à cause

---

(*) L'art de lever les plans n'est que celui de construire sur le papier des polygones semblables à ceux que forment sur le terrain les points dont on veut connaître les situations respectives. On voit qu'il doit se réduire, en dernière analyse, à concevoir ces points liés entre eux par des triangles, et à mesurer sur ces triangles un nombre suffisant d'angles ou de côtés, pour pouvoir en faire de semblables sur le papier, suivant les procédés du numéro 68. Voilà tout ce qu'on peut dire, sans entrer dans le détail des instrumens propres à mesurer les angles, détail déplacé dans les traités généraux, à peu près inintelligible pour les personnes qui n'ont pas vu ces instrumens, et superflu pour celles qui les connaissent.

des angles égaux B et b, et des côtés BG et bg proportionnels à BC et à bc, puisque les uns et les autres
le sont à AB et à ab : on a donc

$$GC : gc :: BG : bg, \quad \text{ou} \; :: AB : ab,$$

et $\qquad BCG = bcg, \quad CGB = cgb.$

On conclut de là que GCF ou $BCF - BCG$, est égal à
gcf ou $bcf - bcg$; et parce que $FGB = fgb$, on aura
CGF, ou $FGB - CGB$, égal à cgf, ou à $fgb - cgb$
les triangles FCG et fcg seront donc semblables, et
donneront

$$FG : fg :: FC : fc :: GC : gc \; \text{ou} \; :: AB : ab,$$

puisqu'on a ci-dessus $GC : gc :: AB : ab$.

Si, au lieu de faire les angles FGB et fgb égaux,
on prend les points F et f, de manière que $FC : fc ::$
$BG : bg$, les triangles FCG et fcg seront alors semblables, comme ayant un angle égal compris entre des côtés
proportionnels ; on aura les mêmes conclusions que ci-
dessus, et on prouvera, dans ce cas, l'égalité des angles
FGB et fgb.

THÉORÈME.

93. *Les contours de deux polygones semblables sont
entre eux comme les côtés homologues de ces polygones.*

Démonstration. Les polygones semblables $ABCDE$,
$abcde$, donnent cette suite de rapports égaux :

$$AB : ab :: BC : bc :: CD : cd :: DE : de :: AE : ae;$$

on en conclura

$$AB + BC + CD + DE + AE : ab + bc + cd + de + ae$$
$$:: AB : ab,$$

c'est-à-dire, que

le contour $ABCDE$: au contour $abcde$ :: $AB : ab$.

DE LA LIGNE DROITE ET DU CERCLE.

94. On a vu dans le n° 28, que l'on ne pouvait mener d'un même point à une ligne donnée trois droites égales; il résulte évidemment de là qu'une droite et un cercle ne peuvent se couper en plus de deux points.

Toute droite qui coupe la circonférence du cercle, et qui est prolongée au dehors, se nomme *sécante*. *EF*, *fig.* 53, est une sécante.

FIG. 53.

La partie *CD* de cette droite, comprise dans le cercle, se nomme *corde*.

95. On dit que la corde *CD* qui passe par les extrémités d'un arc quelconque de cercle *CGD*, *soutend* cet arc; mais il faut observer que la même droite est en même temps la corde de l'arc *CHD* qui, joint à *CGD*, compose la circonférence entière. Lors donc que le premier arc sera moindre que la demi-circonférence, le second sera nécessairement plus grand.

96. Lorsqu'une corde passe par le centre du cercle, on lui donne le nom de *diamètre*. La droite *AB*, qui passe par le point *O*, est un diamètre.

Tous les diamètres du cercle sont égaux, puisqu'ils sont composés de deux rayons, et que tous ces rayons sont égaux.

Il est visible que le diamètre est la plus grande des droites que l'on peut tirer dans la circonférence du cercle, puisque toute autre corde *CD*, est moindre que la somme des deux rayons menés par ses extrémités (15).

97. Le diamètre *AB* partage la circonférence en deux parties égales; car si on plie la figure le long de la droite *AB*, la partie *AGB* de la circonférence doit se confondre avec la partie *AHB*, sans quoi tous les points de l'une ou de l'autre ne seraient pas également éloignés du centre *O*.

Le même raisonnement prouve aussi que deux cercles

décrits du même rayon sont égaux ; car il en résulte que si on place le centre de l'un de ces cercles sur celui de l'autre, leurs circonférences doivent se confondre.

THÉORÈME.

98. *Si l'on porte un arc quelconque de cercle sur un autre arc du même cercle, ou d'un cercle décrit du même rayon que le premier, de manière que deux points quelconques de l'un des arcs tombent sur l'autre, et que les convexités soient tournées du même côté, le plus petit de ces arcs se confondra dans toute son étendue avec le plus grand.*

Démonstration. En effet, si l'on porte l'arc $A'C'$ FIG. 54. *fig.* 54, sur AE, en mettant le point A' sur le point A, et que le point C' tombe en C, la corde $A'C'$ couvrira exactement AC; et comme les rayons $O'A'$ et $O'C'$ sont égaux aux rayons OA et OC, le point O' se trouvera sur le point O (20); dès-lors tous les points de l'arc $A'C'$ doivent tomber sur ceux de l'arc AC, puisque les uns sont autant éloignés du centre O' que les autres le sont du centre O : donc l'arc $A'C'$ se confondra avec l'arc AC (*).

99. *Corollaire.* Il suit de là que, dans le même cercle ou dans deux cercles décrits du même rayon, les arcs dont les cordes sont égales, sont égaux, pourvu toutefois qu'ils soient de même espèce, c'est-à-dire qu'ils soient tous moindres que la demi-circonférence, ou tous plus grands. En effet, lorsque les cordes sont

---

(*) La propriété de la circonférence du cercle démontrée ci-dessus est d'autant plus remarquable, qu'elle n'appartient qu'à cette courbe et à la ligne droite, et qu'elle rend évidente la similitude de toutes les parties de la circonférence du cercle, ou l'uniformité de sa courbure. Telle est la raison qui m'a engagé à donner à cette proposition un énoncé différent de celui qu'on trouve dans la plupart des livres élémentaires, et qui fait l'objet du corollaire suivant.

placées l'une sur l'autre, comme dans le cas précédent, les arcs se couvrent exactement.

La proposition réciproque est également vraie ; c'est-à-dire que quand les arcs sont égaux (dans un même cercle ou dans des cercles décrits du même rayon), les cordes sont égales ; car les arcs étant posés l'un sur l'autre, et se couvrant exactement, les extrémités du premier se confondent avec celles du second. Ainsi, $A'C'$ étant placé sur AC, de manière que le point A' soit sur A, le point C' soit sur C, les droites AC et $A'C'$ se couvrent exactement, et sont égales.

THÉORÈME.

100. *Dans un même cercle ou dans des cercles égaux, le plus grand arc a la plus grande corde, et réciproquement (pourvu toutefois que les arcs que l'on compare soient moindres que la demi-circonférence).*

Démonstration. 1°. L'arc AE étant plus grand que l'arc AC, l'angle AOE sera visiblement plus grand que l'angle AOC, et par le n° 19, le côté AE du triangle AOE sera plus grand que le côté AC du triangle AOC, puisque ces triangles ont, chacun à chacun, deux côtés égaux.

2°. La corde AE étant plus grande que la corde AC, l'angle AOE sera plus grand que l'angle AOC ; l'arc AE surpassera donc l'arc AC.

PROBLÈME.

101. *Deux arcs du même cercle ou de cercles égaux étant donnés, trouver le rapport de leurs longueurs.*

Solution. Il est évident que la question proposée se résoudrait comme celle du n° 5 , si l'on pouvait porter les arcs de cercle l'un sur l'autre, comme on le fait à l'égard des droites ; mais une pareille super-position ne pouvant avoir lieu dans la pratique, on y supplée par celle des cordes qui, lorsqu'elles sont égales, correspondent à des arcs égaux. La corde de l'arc CD, fig. 55, pourra être portée deux fois sur l'arc AB, de A en E, et l'arc AE déterminé ainsi, sera composé de deux parties Ad et dE, égales chacune à CD; on aura donc

$$AB = 2\,CD + EB.$$

On prendra la corde du reste EB, pour la porter sur l'arc CD, de C en F, ce qui s'effectuera une fois, et laissera pour reste l'arc FD; d'où il suit

$$CD = EB + FD :$$

enfin la corde du second reste FD pouvant se porter quatre fois sur le premier EB, on aura

$$EB = 4\,FD.$$

En remontant de cette dernière valeur à celle des arcs précédens, on obtiendra

$$EB = 4\,FD, \quad CD = 5\,FD, \quad AB = 14\,FD;$$

l'arc FD, commune mesure des arcs AB et CD, étant contenu 14 fois dans l'un et 5 fois dans l'autre, on en conclura que les arcs proposés sont entre eux comme les nombres 14 et 5.

L'opération se termine ici, comme pour le cas des lignes droites, lorsqu'on trouve un reste qui contient exactement le précédent, ou qui est tel, que le reste suivant échappe aux sens par sa petitesse (*).

102. *Remarque*. Si l'on conçoit qu'une droite AB, fig. 56, qui coupe le cercle en deux points A et B, tourne autour d'un de ces points, de A, par exemple, et qu'en tendant à sortir du cercle, elle prenne des positions telles que AB', on voit que les points d'intersection de la droite et du cercle se rapprochent sans cesse,

---

(*) Cette manière de déterminer le rapport de deux arcs de cercle se trouve dans les Mémoires de l'Académie des Sciences, année 1724, page 250.

et qu'enfin il y a une dernière position *AC* dans laquelle
ces deux points, étant réunis en un seul, la droite n'a
plus qu'un point de commun avec le cercle, ou ne fait
que le toucher. Dans cette position, la droite *AC* est
tangente au cercle.

THÉORÈME.

103. *La perpendiculaire menée par un point de la
circonférence du cercle, sur le rayon qui passe par ce
point, est tangente au cercle; et réciproquement la
tangente à un point quelconque de la circonférence,
est perpendiculaire à l'extrémité du rayon mené par ce
point.*

Démonstration. La ligne *AB*, *fig. 57*, perpendicu- FIG. 5.
laire sur le rayon *AO*, au point *A*, a tous ses autres
points plus éloignés du centre *O*, que ne l'est le point *A*,
puisque toutes les droites menées d'un côté ou de l'autre,
comme *OB* et *OC*, sont des obliques nécessairement
plus longues que *AO* (28). Les points *C* et *B* sont par
conséquent hors du cercle, et la ligne *AB*, n'ayant qu'un
seul point *A* de commun avec la circonférence *DA*,
est tangente.

Il est aussi facile de voir que la tangente au point *A*,
ne peut être que la droite *AB* perpendiculaire sur *AO*;
car cette tangente n'ayant de commun avec la circonférence que le point de *contact A*, et tous ses autres points
étant plus éloignés du centre que celui-ci, il s'ensuit
que le rayon *AO* est la plus courte ligne qu'on puisse
mener du centre sur la tangente, et que par conséquent
il est perpendiculaire sur cette tangente.

104. *Corollaire.* Il suit de là que l'on mène une tangente à un point donné *A* de la circonférence d'un
cercle *DAE*, en élevant une perpendiculaire *AB* à l'extrémité du rayon qui passe par ce point.

THÉORÈME.

FIG. 58. 105. *Toute droite CD, fig. 58, élevée perpendiculairement sur le milieu d'une corde AB, passe par le centre O du cercle et par le milieu C de l'arc soutenu par cette corde.*

Démonstration. Puisque CD est, par l'hypothèse, perpendiculaire sur le milieu de AB, elle doit passer par tous les points également éloignés des points A et B; et le centre O est un de ces points, car il est à égale distance des extrémités A et B qui sont sur la circonférence ACB. Le point C, où la perpendiculaire CD rencontre la circonférence, étant également éloigné des extrémités A et B de l'arc ACB, les cordes AC et BC seront nécessairement égales; les arcs soutendus par ces cordes, seront donc égaux (99); le point C sera donc le milieu de l'arc ACB: donc la droite CD passera par le centre O, et par le milieu de l'arc soutendu par la corde AB.

106. 1er *Corollaire.* 1°. Puisque deux points suffisent pour déterminer la position d'une droite (3), et que le milieu d'une corde, le centre du cercle et le milieu de l'arc soutendu par la corde sont toujours sur la même droite, il s'ensuit que lorsqu'on sait qu'une droite donnée passe par deux de ces points, on en doit conclure qu'elle passe nécessairement par le troisième.

2°. Comme on ne peut abaisser d'un point donné, sur une droite, qu'une seule perpendiculaire (32), il est encore évident, par ce qui précède, que toute perpendiculaire abaissée du centre ou du milieu de l'arc, sur la corde, tombera sur le milieu de cette droite.

107. 2e *Corollaire.* Il suit encore du théorème précédent, que pour diviser un arc en deux parties égales il suffit d'élever une perpendiculaire sur le milieu de la corde qui soutend cet arc, puisque cette perpendiculaire passera par le milieu de l'arc proposé.

THÉORÈME.

108. *Les arcs interceptés, dans un même cercle, entre deux cordes parallèles, ou entre une tangente et une corde parallèles, sont égaux.*

Démonstration. Si les cordes BC, DE, et la tangente FG, *fig.* 59, sont respectivement parallèles, et que l'on joigne le centre O et le point de contact A par un rayon, ce rayon étant perpendiculaire sur la tangente FG (103), le sera aussi sur les cordes BC et DE (42); il divisera en deux parties égales les arcs BAC et DAE; et par conséquent si des arcs AB et AC, égaux comme moitiés de l'arc BAC, on retranche les arcs AD et AE, égaux comme moitiés de l'arc DAE, les restes BD et EC seront égaux, ce qui est la première partie de l'énoncé du théorème : l'égalité des arcs AB et AC prouve la seconde.

FIG. 59.

THÉORÈME.

109. *Si, des sommets O et O' de deux angles AOC et A'O'C', fig. 60, on décrit deux arcs de cercle du même rayon, le rapport des arcs compris entre les côtés de chaque angle, sera le même que celui de ces angles.*

FIG. 60.

Démonstration. Si les arcs AC et $A'C'$, ont une commune mesure, $AB = A'B'$, en portant cette commune mesure sur chacun autant de fois qu'elle y est contenue, on les divisera tous deux en parties égales; et si l'on joint les différens points de division avec le sommet de l'angle correspondant, par des droites comme OB et $O'B'$, on partagera les angles AOC et $A'O'C'$ en autant de parties égales que les arcs AC et $A'C'$ en contiennent.

En effet, les cordes AB et $A'B'$ étant égales, les triangles AOB et $A'O'B'$ seront égaux, comme ayant tous leurs côtés égaux chacun à chacun (20), puisque d'ailleurs les droites OA, OB, $O'A'$ et $O'B'$, sont égales comme rayons de cercles égaux : l'angle AOB sera donc égal à l'angle $A'O'B'$. Cela posé, les angles AOC et $A'O'C'$ comprenant chacun autant d'angles égaux à AOB, que les arcs AC et $A'C'$ contiennent de parties égales à AB, seront évidemment dans le même rapport que ces arcs, et auront pour commune mesure l'angle AOB.

Le raisonnement précédent exige que les arcs AC et $A'C'$ soient commensurables entre eux ; mais la proposition aurait également lieu, quand même ils seraient incommensurables ; car on ne peut supposer que les angles AOC et $A'O'C'$, *fig.* 61, soient dans un rapport plus grand ou plus petit que celui de ces arcs.

FIG. 61.

Si, par exemple, au lieu d'avoir cette proportion :

$$AOC : A'O'C' :: AC : A'C',$$

on avait la suivante :

$$AOC : A'O'C' :: AC : A'd,$$

l'arc $A'd$ étant plus grand que $A'C'$, et qu'on divisât l'arc AC en parties égales assez petites pour qu'étant portées sur l'arc $A'C'$, un des points de division e tombât entre C' et d, on aurait entre des angles AOC, $A'O'e$, et les arcs AC et $A'e$, respectivement commensurables, cette proportion :

$$AOC : A'O'e :: AC : A'e,$$

dont les antécédens sont les mêmes que ceux de la précédente ; ce qui donnerait par conséquent

$$A'O'C' : A'O'e :: A'd : A'e,$$

résultat absurde, puisque $A'O'C' < A'O'e$, et que $A'd > A'e$.

Si l'on prenait l'arc $A'd'$ moindre que $A'C'$, on n'aurait pas non plus

$$AOC : A'O'C' :: AC : A'd' ;$$

car pour le point de division e', on aurait

$$AOC : A'O'e' :: AC : A'e';$$

d'où il s'ensuivrait, comme ci-dessus,

$$A'O'C' : A'O'e' :: A'd' : A'e',$$

proportion encore absurde, puisque

$$A'O'C' > A'O'e', \quad A'd' < A'e'.$$

Il est évident que la réciproque de cette proposition n'a pas besoin d'une démonstration particulière; car le rapport des arcs ne peut être égal à celui des angles, sans que ce dernier ne soit égal à celui des arcs (*).

110. 1er *Corollaire.* Le rapport des arcs AC et $A'C'$ étant le même que celui des angles AOC et $A'O'C'$, il en résulte que ces arcs sont la mesure naturelle des angles; et d'après ces notions, on dit que *la mesure d'un angle est l'arc de cercle compris entre ses côtés, et décrit de son sommet comme centre.* Cette expression paraît d'abord obscure; car on ne peut mesurer des grandeurs quelconques que par d'autres grandeurs de la même espèce. L'arc de cercle étant une ligne, est hétérogène avec l'angle, qui est une surface (7); mais il faut observer qu'on sous-entend ici l'arc pris pour unité, et l'angle qui correspond à cet arc, et que l'énoncé ci-dessus revient à celui-ci : *Tout angle contient autant de fois un certain angle arbi-*

(*) Je crois devoir faire observer que cette proposition, qu'on se contentait presque d'énoncer dans les Élémens adoptés en France avant 1794, a été démontrée à peu près comme ci-dessus dès 1760, dans ceux de *Karsten*, et l'était peut-être aussi dans de plus anciens ouvrages. Le moyen d'ailleurs s'offre de lui-même par une forme de raisonnement employée par Euclide, pour un semblable passage du commensurable à l'incommensurable; et comme je l'ai dit ailleurs (*Essais sur l'Enseignement*), lorsqu'on se borne aux propositions vraiment nécessaires des Élémens de Géométrie, il ne reste plus qu'à s'occuper de l'arrangement qui les lie le mieux les unes aux autres, les rend plus évidentes et plus faciles à retenir.

traire, pris pour unité ou pour terme de comparaison ;
que l'arc compris entre ses côtés, et décrit de son sommet comme centre, contient l'arc du même cercle, compris entre les côtés de ce second angle, et décrit de son
sommet comme centre.

On voit par là que les arcs de cercle ne sont intro-
duits que pour servir de termes de comparaison, et que
pour trouver le rapport numérique de deux angles
quelconques, il faudra chercher, par le procédé du
n° 101, celui de deux arcs décrits de leurs sommets,
comme centres, avec un rayon arbitraire, mais le même
pour tous deux.

L'angle qui paraît le plus propre à servir d'unité, est
l'angle droit. Cet angle comprend évidemment, entre
ses côtés, le quart de la circonférence ; car si du point O

FIG. 62. comme centre, *fig.* 62, on décrit une circonférence,
la droite AB en soutendra la moitié (97) ; les deux
angles droits COB, COA, étant égaux, comprendront
chacun la moitié de cette moitié (n° précéd.), c'est-
à-dire le quart de la circonférence entière. On aura
donc la mesure d'un angle en comparant l'arc compris
entre ses côtés, avec celui qu'intercepte, sur la même
circonférence, l'angle droit ayant son sommet au
centre.

111. 2ᵉ *Corollaire.* Il suit encore du théorème précédent, que les droites qui divisent un arc en plusieurs
parties égales, divisent aussi, dans un même nombre
de parties égales, l'angle que mesure cet arc, et que
par conséquent la division d'un angle se réduit à celle
de l'arc qui lui sert de mesure. Malheureusement la
Géométrie élémentaire ne fournit que le moyen de diviser un arc en deux parties égales.

FIG. 58. Ce moyen consiste (107) à élever une perpendiculaire
CO, *fig.* 58, sur le milieu de la corde AB ; et cette perpendiculaire divisera aussi l'angle AOB en deux parties

égales. On peut d'ailleurs se convaincre *à priori* de l'éga—
lité des angles *AOD* et *BOD*, par celle des triangles de
même dénomination.

On pourra, par le même moyen, diviser de nouveau
chaque moitié de l'arc *ACB*, ou de l'angle *AOB*, en deux
parties égales, et pousser ainsi la division suivant les
nombres 2, 4, 8, 16, 32, 64, etc. ; mais il ne sera pas
possible de partager cet arc, ou cet angle, en 3, 5, etc.
parties égales.

THÉORÈME.

*112. Lorsqu'un angle a son sommet placé sur la
circonférence d'un cercle, il a pour mesure la moitié
de l'arc compris entre ses côtés.*

Démonstration. 1°. Je suppose que l'angle proposé
soit *BAC*, dont l'un des côtés *AC* passe par
le centre *O* du cercle, *fig.* 63. Si par ce point on FIG. 63.
mène le diamètre *DE* parallèle à *AB*, on fera l'angle
DOC égal à *BAC*, comme correspondant par rapport
à la sécante *AC*, et ayant pour mesure l'arc *DC*,
compris entre ses côtés, et décrit de son sommet comme
centre. Ainsi l'arc *DC* serait la mesure de l'angle
BAC, si le sommet *A* de ce dernier était transporté
en *O*; mais l'arc *DC* est d'abord égal à l'arc *AE*,
puisque celui-ci mesure l'angle *AOE*, opposé par le
sommet à *DOC*, et qui lui est par conséquent égal ;
puis les arcs *AE* et *BD* étant égaux comme compris
entre des cordes parallèles (108), il s'ensuit que l'arc
DC est aussi égal à *BD* : donc l'arc *BC*, composé de
BD et de *DC*, contient deux fois l'arc *DC* : donc il est
le double de la mesure de l'angle *BAC*.

2°. Soit maintenant l'angle *BAG*, comprenant le
centre entre ses côtés. Cet angle étant composé des
angles *BAC*, *CAG*, aura pour mesure la somme des
arcs qui mesurent ces derniers ; mais comme ils ont
chacun un côté qui passe par le centre, leurs mesures

respectives seront la moitié de *BC* et la moitié de *CG* ;
arcs dont la somme compose la moitié de l'arc *BG*, égale
à *BC* + *CG* : l'angle *BAG* aura donc pour mesure la
moitié de l'arc *BG* compris entre ses côtés.

3°. L'angle *FAB*, qui ne comprend point le centre
entre ses côtés, pouvant être considéré comme la différence des angles *FAC*, *BAC*, aura pour mesure la
différence des arcs qui mesurent ces derniers ; mais
comme leur côté commun *AC*, passe par le centre,
leurs mesures respectives sont les moitiés de *FC* et de
BC ; et la différence de ces mesures composant la moitié
de l'arc *FB*, égale à *FC* — *BC*, l'angle *FAB* aura donc
pour mesure la moitié de l'arc compris entre ses côtés.

4°. L'angle formé par une tangente et par une corde,
a aussi pour mesure la moitié de l'arc compris entre ses
côtés ; car l'angle *CAH*, formé par la tangente *AH* et
le diamètre *AC* qui lui est perpendiculaire, étant droit,
a pour mesure la moitié de la demi-circonférence *ABC*
(110) ; si on ajoute à cet angle, l'angle *CAG*, formé
par deux cordes, et ayant pour mesure la moitié de
l'arc *CG*, l'angle total *GAH* aura pour mesure la moitié
de *CG*, plus celle de *ABC*, ce qui fait la moitié de
l'arc total *ABG*, compris entre ses côtés ; et si on retranche du même angle droit *CAH*, l'angle *FAC*, mesuré par la moitié de l'arc *FC*, la différence *FAH* de
ces angles sera mesurée par celle des moitiés de *ABC*
et de *FC*, ce qui revient à la moitié de *AF*.

113. 1ᵉʳ *Corollaire*. L'angle *FAI*, formé par la corde
AF et par le prolongement *AI* de la corde *AG*, a pour
mesure la moitié de la somme des arcs *AF* et *AG*
soutendus par ces cordes, en dehors de l'angle qu'elles
forment.

En effet, l'angle *FAI*, égal à deux droits moins
l'angle *FAG* (11), aura pour mesure la différence qu'il
y a entre la demi-circonférence et la moitié de l'arc
FG, qui mesure l'angle *FAG* ; mais cette différence

est égale à la moitié de celle de la circonférence entière et de l'arc *FG* lui-même, ce qui revient évidemment à la moitié de la somme des arcs *AF* et *AG*.

114. 2.° *Corollaire*. Il suit encore du théorème précédent, 1.° que tous les angles qui, comme *EGF*, *EHF*, *EIF*, *KEF*, *fig.* 64, ont leur sommet placé à la cir- FIG. 64. conférence, et s'appuient sur le même arc, sont égaux, puisqu'ils ont pour mesure la moitié du même arc *EAF*, compris entre leurs côtés.

2.° Que l'angle *BAC*, dont le sommet est sur la circonférence, et dont les côtés *AB* et *AC* passent par les extrémités d'un diamètre *BC*, est droit, puisqu'il a pour mesure la moitié de la demi-circonférence *BGC*, comprise entre ses côtés, ou le quart de la circonférence entière (110).

THÉORÈME.

115. *L'angle* BAC, fig. 65, *dont le sommet est placé* FIG. 65 *dans le cercle, entre le centre et la circonférence, a pour mesure la moitié de l'arc* BC, *compris entre ses côtés, plus la moitié de l'arc* ED *compris entre leurs prolongemens.*

Démonstration. Si par le point *D*, on mène la corde *DF* parallèle à l'un des côtés *AC* de l'angle proposé, on formera l'angle *BDF* égal à l'angle *BAC*, comme correspondant par rapport à la sécante *BD*, et ayant pour mesure la moitié de l'arc *BCF* compris entre ses côtés, puisque son sommet est placé sur la circonférence (112); mais les arcs *ED* et *FC* étant égaux, comme compris entre des cordes parallèles (108), il s'ensuit que l'arc *BF*, égal à *BC* + *FC*, sera aussi égal à *BC* + *ED*; et puisque sa moitié mesure l'angle *BDF*, et par conséquent son égal *BAC*, ce dernier aura aussi pour mesure la moitié de la somme des arcs *BC* et *ED*, somme équivalente à l'arc *BF*; ce qui est l'énoncé du théorème.

est égale à la moitié de celle de la circonférence entière
THÉORÈME.
et de l'arc *CO* lui-même, ce qui revient évidemment

FIG. 66.　　116. *L'angle* BAC, *fig.* 66, *dont le sommet est placé hors du cercle, a pour mesure la moitié de la différence des arcs* BC *et* DE *compris entre ses côtés, arcs dont l'un tourne sa concavité vers le sommet, et l'autre sa convexité.*

Démonstration. En tirant, comme ci-dessus, par le point *D*, la droite *DF*, parallèle au côté *AC*, on formera l'angle *BDF* égal à *BAC*, comme correspondant par rapport à la sécante *BD*, et ayant pour mesure la moitié de l'arc *BF* compris entre ses côtés (113); mais les arcs *ED* et *FC* étant égaux, comme compris entre des cordes parallèles (108), il s'ensuit que l'arc *BF*, égal à *BC — FC*, sera aussi égal à *BC — ED*, et puisque sa moitié mesure l'angle *BDF*, et par conséquent son égal *BAC*, ce dernier aura aussi pour mesure la moitié de la différence des arcs *BC* et *ED*, différence équivalente à l'arc *BF*; ce qui est l'énoncé du théorème.

PROBLÈME.

117. *Elever une perpendiculaire à l'extrémité* A
FIG. 64.　*d'une ligne droite* AB, *fig.* 64, *sans la prolonger comme l'exigerait le procédé du* n° 30.

Solution. On prendra hors de la ligne *AB* un point quelconque *O*, duquel, comme centre, et avec un rayon égal à *AO*, on décrira une circonférence de cercle *BAH*; par le point *B*, où elle rencontrera la droite *AB*, et le centre *O*, on tirera le diamètre *BOC*, qui déterminera sur la circonférence un point *C*: la droite *AC*, qui joint ce point et l'extrémité *A* de la droite *AB*, sera la perpendiculaire demandée, puisque l'angle *BAC* sera droit (114).

PROBLÈME.

FIG. 67.　　118. *D'un point donné* A, *hors d'un cercle, fig.* 67, *mener une tangente à ce cercle.*

Solution. On joindra avec le point *A*, le point *O*, centre du cercle donné, et on décrira sur *AO*, comme diamètre, une circonférence de cercle qui rencontrera le cercle *BDB'* en deux points, *B* et *B'*; les droites *BA* et *B'A*, qui joindront ces points avec le point donné *A*, seront tangentes au cercle *BDB'*.

En effet, si on tire dans ce cercle les rayons *BO* et *B'O*, qui, dans le cercle *BB'A*, seront des cordes, les angles *OBA* et *OB'A* seront droits, puisque leur sommet est sur la circonférence de ce dernier, et que leurs côtés passent par les extrémités de l'un de ses diamètres (114); donc les droites *AB* et *AB'* seront tangentes au cercle *BDB'* (103).

PROBLÈME.

119. *Par trois points* A, B, C, fig. 68, *qui ne sont* FIG. 68. *pas en ligne droite, faire passer une circonférence de cercle.*

Solution. Si l'on joint les trois points *A*, *B*, *C*, par deux lignes droites, *AB* et *BC*, ces droites seront des cordes du cercle qui passe par les points proposés. Elevant sur le milieu de *AB* la perpendiculaire *DE*, et sur le milieu de *BC* la perpendiculaire *FG*, le centre *O*, qui doit être en même temps sur l'une et sur l'autre de ces perpendiculaires (105), ne pourra se trouver qu'à leur intersection, qui aura nécessairement lieu (47).

120. 1er *Corollaire.* La construction précédente ne donne qu'un seul point pour centre et qu'un seul rayon, puisque les droites *AO* et *OC* étant égales à *OB*, comme obliques qui s'écartent également des perpendiculaires *OD* et *OF*, seront égales entre elles : il est donc évident qu'il n'y a qu'un seul cercle qui puisse en effet passer par les trois points *A*, *B*, *C*.

La question devient insoluble lorsque les trois points *A*, *B*, *C*, sont sur la même ligne droite, parce que les perpendiculaires *DE* et *GF* sont parallèles (39), et ne se rencontrant plus, n'indiquent plus aucun centre; et en effet, aucun cercle ne peut passer par les points proposés, puisque s'il en passait un, ce cercle aurait trois points communs avec une droite, ce qui serait contraire à ce qui a été prouvé dans le n° 94.

121. 2ᵉ *Corollaire.* Il suit encore de la même proposition, que deux cercles ne peuvent avoir trois points communs sans se confondre; car si l'on fait sur ces trois points la construction indiquée dans le problème ci-dessus, on trouvera que les cercles proposés doivent avoir le même rayon et leurs centres placés dans le même point.

C'est pour cette raison que deux cercles ne peuvent se rencontrer en plus de deux points.

THÉORÈME.

122. *Deux cercles qui passent par un même point de la droite qui joint leurs centres, n'ont que ce point de commun, dans lequel ils se touchent par conséquent; et réciproquement, si deux cercles se touchent, leurs centres et le point de contact sont en ligne droite.*

Démonstration. 1°. Si les centres O et O' des cercles AC et AC', *fig.* 69, sont situés tous deux du même côté du point A commun à ces deux cercles, sur la droite OO', et qu'on prenne un point quelconque M' sur celui des deux qui a le plus grand rayon, en joignant ce point avec les centres O et O', on formera un triangle $O'OM'$, dans lequel on aura toujours

$$OO' + OM' > O'M' \text{ ou } OO' + OM' > O'A;$$

mais puisque $O'A = OO' + OA$, on en conclura

$$OO' + OM' > OO' + OA,$$

et par conséquent $OM' > OA$: le point M' sera donc dans tous les cas hors du cercle AC.

2°. Si les centres sont de différens côtés du point A,

en O et O'', par exemple, le triangle $OM''O''$ donnant
$$OM'' + O''M'' > OA + O''A,$$ on en conclura
$$OM'' > OA,$$
puisque $O''A = O''M''$; et par conséquent le point M'',
sera hors du cercle AC.

La proposition inverse, comprise dans l'énoncé, se
démontre en observant, 1°. que si les deux cercles AC
et AC', n'ont que le point A de commun, et que leurs
centres, au lieu d'être sur la droite OA, soient sur toute
autre droite $O'M'$, en sorte que le centre du petit cercle
se trouve en o, on aura
$$O'o + oA > O'A \text{ ou } > O'M';$$
retranchant de part et d'autre $O'o$, il restera
$$oA > oM'$$
ce qui est absurde, puisque oA étant supposé rayon du
petit cercle AC, est égal à om, nécessairement moindre
que oM'.

2°. Que si les deux cercles se touchent extérieure-
ment, comme AC et AC'', il est évident que la plus
courte ligne que l'on puisse mener du centre de l'un à
celui de l'autre, est égale à la somme des rayons,
et que cette plus courte ligne passe par le point de
contact, puisque si l'on joignait le point M'' à chacun
des centres, la somme des droites OM'', $O''M''$, serait
plus grande que celle des rayons, mais la plus courte
ligne que l'on puisse mener par deux points étant droite,
la ligne OAO'' sera donc une droite.

123. *Remarques.* J'ai déjà indiqué dans le n°. 22,
les conditions qui doivent avoir lieu pour que deux
cercles se coupent : elles sont vérifiées de nouveau par
le théorème précédent ; car on voit bien évidemment
que les cercles AC et AC' cesseraient de se toucher, et à plus forte raison ne se couperaient pas, si la
distance des centres, OO', était moindre que la dif-

férence des rayons, et que si la distance OO'' surpassait la somme des rayons des cercles AC et AC', ceux-ci ne se toucheraient pas non plus.

Puisque les cercles AC, AC', AC'', ont leur centre et leur point de contact A sur la même ligne droite, la perpendiculaire AB, élevée sur cette ligne, par le point A, les touche tous à la fois (103).

De plus il est visible que quoiqu'on ne puisse mener aucune droite entre le cercle AC et sa tangente AB, on peut néanmoins y faire passer une infinité de cercles différens (*).

PROBLÈME.

124. *Décrire un cercle qui touche en un point donné* A,
FIG. 70. *fig. 70, une droite* AB *donnée de position, et qui passe par un second point donné* C.

Solution. On élevera sur AB, par le point A, la perpendiculaire AO', puis joignant les points A et C, on élevera aussi sur le milieu de AC, la perpendiculaire DO'; le point O', commune section de ces deux perpendiculaires, sera le centre du cercle demandé.

En effet, le centre de ce cercle doit se trouver sur la droite AO' perpendiculaire à la tangente AB, et passant par le point A, où doit avoir lieu le contact du cercle et

---

(*) C'est là ce qu'il faut entendre dans cette proposition, soutenue par plusieurs géomètres, que l'angle de *contingence* CAB, formé entre le cercle et la tangente, est moindre que tout angle rectiligne, ou formé par deux droites, quelque petit que soit ce dernier. La discussion ouverte à cet égard n'est venue que de ce qu'on ne s'entendait pas sur le sens qu'on attachait dans ce cas au mot *angle*. Ceux qui voulaient y appliquer la notion tirée des lignes droites, voyant dans l'angle de contingence un espace indéfini CAB, compris entre le cercle AC et sa tangente, ne pouvaient, avec raison, le regarder comme moindre que tout angle rectiligne, puisqu'on peut évidemment tirer par le point A une droite qui passe entre les points C et B. Mais toute cette dispute, qui ne roulait que sur les mots, tomba dans l'oubli dès qu'on s'aperçut qu'elle n'intéressait en rien les principes.

de la droite *AB* (103); il doit être pareillement sur *DO'*, puisque cette ligne est perpendiculaire sur le milieu de la droite *AC*, qui, joignant deux points *A* et *C* du cercle demandé, en est une corde (105) : donc il est au point *O'*, où ces deux perpendiculaires se rencontrent.

PROBLÈME.

125. *Décrire un cercle qui touche en un point donné* A *un autre cercle donné* AE, *et qui passe par un second point donné* C.

Solution. On joindra, comme dans le problème précédent, les points *A* et *C*, et la perpendiculaire *DO'* élevée sur le milieu de la corde *AC*, passera par le centre du cercle demandé ; on tirera ensuite par le centre *O* du cercle donné et par le point *A*, une droite qui devra contenir aussi le centre du cercle demandé (122); le point *O'*, où cette droite prolongée, s'il est nécessaire, rencontrera la droite *DO'*, sera donc, dans ce cas, le centre du cercle demandé.

La construction ne changerait pas si le point donné *C* passait en *C'*, dans l'intérieur du cercle donné *AE*, seulement le cercle demandé serait enveloppé par celui-ci.

PROBLÈME.

126. *Décrire sur une ligne donnée* EF, *(fig. 64,)* *un* FIG. 64. *cercle tel, que tous les angles ayant leur sommet à sa circonférence, placés du même côté de cette droite, et s'appuyant sur ses extrémités, soient égaux à un angle donné.*

Solution. On mènera par le point *E* la droite *KM*, faisant avec *EF*, un angle *KEF*, égal à l'angle donné, et dont l'ouverture soit tournée du même côté que celle des angles demandés; il ne s'agira plus que de construire, par le problème du n° 124, un cercle qui passe par le point *F*, et qui touche en *E* la droite *KM*.

Il est évident, par le n° 114, que tous les angles *EGF*,

EHF, *EIF*, ayant même mesure que l'angle *KEF*, seront égaux à l'angle donné.

N. B. On énonce aussi ce problème comme il suit:
*Décrire sur une ligne droite EF, un segment (ou une
portion) de cercle EHFE, capable d'un angle donné.*

THÉORÈME.

127. *Deux sécantes qui partent d'un même point E
pris hors d'un cercle, fig. 71, étant prolongées jusqu'à
la partie de la circonférence la plus éloignée de ce
point, sont réciproquement proportionnelles à leurs parties extérieures, c'est-à-dire, que l'on a la proportion*

$$AE : DE :: CE : BE$$

*dans laquelle une des sécantes et sa partie extérieure
forment les moyens, tandis que l'autre sécante et sa
partie extérieure forment les extrêmes.*

Démonstration. En tirant les cordes *AC* et *DB*, on
forme les triangles *AEC* et *BED*, qui sont semblables, comme ayant chacun à chacun deux angles
égaux (65), savoir: l'angle *ACD* et l'angle *ABD*, dont
le sommet est à la circonférence, et qui s'appuient sur
le même arc *AD* (114), puis l'angle *AED*, qui leur
est commun. Comparant leurs côtés homologues, on
obtiendra la proportion

$$AE : DE :: CE : BE,$$

qui fait le sujet de la proposition.

128. *Remarque.* Si l'on conçoit que la sécante *EC*
tourne autour du point *E* en s'avançant vers *F*, pour
se dégager du cercle, les points *C* et *D* se rappro-
cheront sans cesse, et la différence entre la sécante et
sa partie extérieure deviendra de plus en plus petite; la
proportion ci-dessus ne cessant point pour cela d'être
vraie, il est naturel d'en conclure qu'elle aura lieu
lorsque cette différence sera nulle, c'est-à-dire, lorsque

la ligne *CE* étant devenue la tangente *EF*, la partie
extérieure sera devenue égale à la ligne entière. On aura
dans ce cas

$$AE : EF :: EF : BE,$$

proportion qui nous apprend que la tangente *EF* est
moyenne proportionnelle entre la sécante *BE* et sa
partie extérieure *AE*. Cette proposition peut aussi se
démontrer *à priori*, comme il suit:

Ayant tiré les cordes *AF* et *BF*, *fig.* 72, on a les
triangles *AEF* et *BEF*, dans lesquels l'angle *E* est
commun, et les angles *EBF* et *EFA*, sont égaux, comme
ayant leur sommet sur la circonférence et s'appuyant
sur le même arc *AF*; la comparaison de leurs côtés homologues donnera

$$AE : EF :: EF : BE.$$

THÉORÈME.

129. *Deux cordes* AB *et* CD, fig. 73, *qui se ren-*
contrent dans un cercle, se coupent en parties récipro-
quement proportionnelles; c'est-à-dire qu'on a

$$AE : DE :: CE : BE,$$

proportion dans laquelle les parties d'une corde for-
ment les extrêmes, tandis que celles de l'autre for-
ment les moyens.

Démonstration. En tirant les cordes *AC* et *DB*, on
forme les triangles *AEC* et *BED*, qui sont semblables
comme ayant deux angles égaux chacun à chacun (65),
savoir, l'angle *ACD* et l'angle *ABD*, dont le sommet
est placé à la circonférence, et qui s'appuient sur le
même arc *AD* (114), puis l'angle *AEC* et l'angle *BED*,
opposés par le sommet. Comparant leurs côtés homo_
logues, on aura la proportion

$$AE : DE :: CE : BE,$$

qui fait le sujet de la proposition.

Géométrie. 11ᵉ édition.   6

N. B. Il est facile de reconnaître que ce théorème et celui du n° 127 ne sont que deux cas particuliers d'une même proposition, que l'on peut énoncer ainsi :

Lorsque deux droites qui se coupent, rencontrent en même temps une circonférence de cercle, chacune en deux points, les distances de leur point de rencontre, à chacun de ceux où elles coupent la circonférence du cercle, sont réciproquement proportionnelles.

130. *Corollaire.* Si la corde AB passait par le centre, ou devenait un diamètre, et que la corde CD lui fût perpendiculaire, *fig.* 74, cette dernière serait coupée en deux parties égales (106), et la proportion

FIG. 74.

$$AE : DE :: CE : BE$$

deviendrait

$$AE : CE :: CE : BE,$$

puisque $DE = CE$; la droite CE serait donc moyenne proportionnelle entre les parties AE et BE du diamètre AB.

Il suit de là que pour trouver une moyenne proportionnelle entre deux droites données M et N, il faut les porter à la suite l'une de l'autre, de A en E, et de E en B, puis décrire sur leur somme AB, comme diamètre, un cercle, et élever au point E, où elles se joignent, la perpendiculaire EC, qui sera la moyenne proportionnelle demandée.

131. *Remarque.* La proposition qui fait le sujet du corollaire précédent, résulte immédiatement de la propriété du triangle rectangle démontrée dans le n° 74; car si on mène les cordes AC et CB, l'angle ACB étant droit (114), on aura par le numéro cité,

$$AE : CE :: CE : BE.$$

Le même numéro donne encore cette proportion :

$$AE : AC :: AC : AB,$$

de laquelle il résulte que la corde menée par l'extrémité d'un diamètre, est moyenne proportionnelle entre le diamètre et le segment formé par la perpendiculaire abaissée de l'autre extrémité de cette corde.

Par là on peut aussi trouver une moyenne proportionnelle entre deux droites données, en prenant la plus grande pour le diamètre AB, portant la seconde de A en E, élevant la perpendiculaire EC, et tirant la corde AC, qui sera, d'après ce qui précède, la moyenne proportionnelle demandée.

PROBLÈME.

132. *Partager une ligne* AB, fig. 75, *en moyenne* FIG. 75 *et extrême raison, c'est-à-dire, de manière qu'on ait la proportion*

$$AC : BC :: BC : AB,$$

dans laquelle BC, *la plus grande des deux parties de la ligne* AB, *est moyenne proportionnelle entre cette ligne et l'autre partie* AC.

Solution. Il faut élever à l'une des extrémités de la droite AB, la perpendiculaire AE, égale à la moitié de cette droite; tirer BE; du point E, comme centre avec le rayon AE, décrire un cercle ADF, et du point B, comme centre avec un rayon égal à BD, décrire l'arc DC: cet arc, coupant la ligne AB au point C, la partagera en moyenne et extrême raison.

Pour le prouver, on prolongera BE jusqu'en F, et l'on aura, par le n° 128,

$$BD : AB :: AB : BF;$$

d'où on tirera

$$AB - BD : BF - AB :: BD : AB;$$

mais $\qquad AB - BD = AB - BC = AC$;

et puisque par construction AE est la moitié de AB, il s'ensuit que

$$AB = 2AE = FD,$$

6..

d'où

$$BF - AB = BF - FD = BD = BC,$$

et par conséquent

$$AC : BC :: BC : AB,$$

proportion conforme à l'énoncé du problème.

PROBLÈME.

FIG. 76. 133. *Décrire un cercle qui passe par deux points donnés* C *et* D, fig. 76, *et qui touche une ligne droite indéfinie* AB, *donnée de position.*

Solution. On joindra les points D et C par une droite que l'on prolongera jusqu'à ce qu'elle rencontre AB, en A ; on prendra ensuite une moyenne proportionnelle entre AC et AD, par le procédé indiqué n° 131, et AE étant cette moyenne proportionnelle, on la rapportera sur AB, en décrivant du point A, comme centre, avec un rayon égal à AE, l'arc EF; le point F sera celui où doit se faire le contact de la droite AB et du cercle demandé : on pourra donc décrire ce cercle suivant le procédé du n° 119, ou par celui du n° 124.

Cette solution se prouve en observant que la ligne AC est une sécante, et que la question se réduit à trouver sur AB, la position du point de contact, pour lequel on doit avoir, d'après le n° 128,

$$AD : AF :: AF : AC,$$

d'où il suit que la distance AF s'obtiendra en prenant une moyenne proportionnelle entre AD et AC (*).

(*) Le problème du n° précédent et celui-ci sont susceptibles de deux solutions. Dans le premier, non-seulement la ligne BD, *fig.* 75, remplit les conditions de l'énoncé, mais encore la ligne BF, en tant que AB est moyenne proportionnelle entre BF et BD. (Voyez l'*Application de l'Algèbre à la Géométrie.*)

Dans le problème ci-dessus, on peut porter la ligne AE, *fig.* 76,

THÉORÈME.

134. *Dans un demi-cercle, les secondes puissances des longueurs des cordes AC, AF, qui partent de l'une des extrémités d'un diamètre,* fig. 74, *sont propor-* FIG. 74. *tionnelles aux segmens AE et AG, compris sur ce diamètre, entre l'extrémité commune à toutes ces cordes et le pied de la perpendiculaire abaissée de l'autre extrémité.*

Démonstration. Puisque les cordes AC et AF sont respectivement moyennes proportionnelles entre le diamètre AB et chacun des segmens AE et AG (131), on aura

$$\overline{AC}^2 = \overline{AB} \times \overline{AE}, \quad \overline{AF}^2 = \overline{AB} \times \overline{AG},$$

d'où l'on conclura

$$\overline{AC}^2 : \overline{AF}^2 :: \overline{AB} \times \overline{AE} : \overline{AB} \times \overline{AG},$$

ce qui se réduit à

$$\overline{AC}^2 : \overline{AF}^2 :: AE : AG,$$

en omettant le facteur AB, commun aux deux termes du second rapport.

DES POLYGONES INSCRITS ET CIRCONSCRITS AU CERCLE.

135. *Remarque.* Il est évident que puisqu'on peut toujours faire passer un cercle par trois points donnés

---

non-seulement de A en F, mais du côté opposé, en F' ; on aura un second cercle qui touchera la droite AB en F', et qui passera par les points D et C.

Si la ligne DC devenait parallèle à AB, la construction indiquée ne ferait plus connaître le point F ; mais il est visible que, dans ce cas, la perpendiculaire élevée sur le milieu de la corde DC, et qui passe par le centre du cercle demandé, devenant perpendiculaire à la tangente AB, déterminerait le point de contact F (103).

(119), on pourra aussi faire passer un cercle par les sommets des angles d'un triangle quelconque *ABC*, FIG. 77. *fig.* 77. Dans ce cas, le triangle *ABC* est *inscrit* au cercle, et le cercle est *circonscrit* au triangle.

Cette propriété du triangle met en évidence celles qui ont été démontrées dans les n°s 36, 37 et 51.

1°. On voit que la somme des trois angles du triangle est égale à deux droits; car chacun d'eux a pour mesure la moitié de l'arc compris entre ses côtés, et la réunion de ces trois moitiés composant la demi-circonférence, est la mesure de deux angles droits (110).

2°. L'égalité de deux angles, *A* et *B*, entraîne celle des arcs opposés, *CB* et *AC*, respectivement doubles de ceux qui mesurent ces angles (112); les cordes des arcs *CB* et *AC*, qui ne sont autre chose que les côtés opposés aux angles *A* et *B*, seront donc égales (99). La réciproque de cette proposition se prouverait aussi facilement.

3°. Enfin le plus grand arc, lorsqu'il est moindre qu'une demi-circonférence, étant toujours soutendu par la plus grande corde, il s'ensuit évidemment qu'au plus grand des angles du triangle est opposé le plus grand de ses côtés.

PROBLÈME.

136. *Inscrire un cercle dans un triangle donné* ABC, FIG. 78. fig. 78, *c'est-à-dire, décrire dans l'intérieur de ce triangle un cercle qui ne fasse qu'en toucher les trois côtés.*

Solution. On divisera en deux parties égales deux quelconques des angles de ce triangle (111), *A* et *B*, par exemple; le point de rencontre *O*, des droites *AO* et *BO*, qui feront cette division, sera le centre du cercle demandé.

En effet, si l'on abaisse du point *O*, une perpendiculaire sur chacun des côtés *AB*, *AC*, *BC*, les triangles *AEO*, *ADO*, seront égaux (34), ainsi que les triangles *DOB* et *BOF*, parce que les deux premiers étant rectangles, l'un en *D*, l'autre en *E*, auront de plus les angles *EAO*, *DAO*, égaux comme moitiés du même angle *DAE*, et le côté *AO* commun; il en sera de même des deux derniers, qui sont rectangles, l'un en *D*, l'autre en *F*, dans lesquels les angles *DBO*, *FBO*, sont égaux comme moitiés d'un même angle *DBC*, et le côté *BO* est commun : les deux perpendiculaires *EO* et *FO* sont donc égales à *DO*, et par conséquent le cercle décrit du point *O* comme centre, avec un rayon égal à *DO*, ne fera que toucher chacun des côtés du triangle *ABC*.

Comme on n'a fait usage que des angles *A* et *B*, il faut encore prouver qu'en combinant avec l'un de ceux-ci, l'angle *C*, on trouverait toujours le même point *O*. Pour cela, on joint le point *O* et le troisième angle *C*, par la droite *OC*; l'égalité des triangles *CEO*, *CFO*, rectangles, l'un en *E*, l'autre en *F*, ayant les côtés *EO* et *FO* égaux entre eux, et le côté *CO* commun (34), prouve que la droite *CO* divise aussi l'angle *C* en deux parties égales.

137. *Remarque.* Puisque par trois points l'on ne peut faire passer qu'une circonférence de cercle, il est évident que si l'on prenait au hasard, un quatrième point *D*, *fig.* 77, ce point pourrait tomber hors du cercle *ABC*; FIG. 77. et alors il serait impossible d'inscrire dans un cercle le quadrilatère *ACDB*; à plus forte raison doit-il y avoir des exceptions pour les polygones dont le nombre des côtés surpasse 4 (*).

THÉORÈME.

138. *Tout polygone d'un nombre quelconque de côtés, lorsqu'il est régulier, c'est-à-dire lorsqu'il a*

(*) Il est visible par la seule inspection de la figure, que tous les quadrilatères, tels que *ACEB*, dans lesquels la somme des angles opposés, *E* et *A*, est égale à deux droits (112), peuvent être inscrits au cercle; tandis que dans *ACDB*, cette somme surpasse deux droits pour les angles *C* et *B*, et se trouve moindre pour *A* et *D* (116).

tous ses angles égaux et tous ses côtés égaux, peut être inscrit et circonscrit au cercle.

FIG. 79. *Démonstration.* Soit le polygone $ABCDEF$, *fig.* 79, dont on suppose que les angles ABC, BCD, CDE, etc. soient tous égaux entre eux, et qu'il en soit de même de tous ses côtés AB, BC, CD, etc. 1°. Le cercle qui passera par les sommets A, B, C, de trois quelconques des angles de ce polygone, passera par tous les autres; car si l'on mène du centre O du cercle ABC, les droites AO, BO, CO, DO, etc. les trois premières seront, par construction, rayons de ce cercle, et par conséquent égales; les triangles isocèles AOB et BOC, seront aussi égaux, comme ayant leurs côtés égaux chacun à chacun, puisque, par hypothèse, $BC = AB$; les angles ABO et CBO étant égaux, chacun d'eux sera la moitié de l'angle ABC du polygone : l'angle BCO, qui leur est égal, sera donc aussi la moitié de l'angle BCD égal à ABC, par hypothèse; OCD sera l'autre moitié, et sera par conséquent égal à BCO. Cela posé, CD étant, par l'hypothèse, égal à CB, les triangles BCO et OCD auront, chacun à chacun, un angle égal compris entre deux côtés égaux, seront égaux (16), et donneront $OD = OC$; ainsi le point D sera sur la circonférence du cercle ABC. On démontrerait de la même manière que le point E et tous ceux qui le suivent, s'y trouvent aussi.

2°. Si l'on abaisse du point O, centre du cercle circonscrit, et aussi du polygone inscrit $ABCDEF$, une perpendiculaire OG sur l'un quelconque AB des côtés de ce polygone, le cercle GH décrit du point O comme centre avec le rayon GO, et touchant, en vertu de sa construction, le côté AB au point G, touchera aussi chacun des autres dans leur milieu; car si du point O on abaisse sur le côté BC, consécutif à AB, la perpendiculaire OH, les triangles OBG et OBH rectangles, l'un en G, l'autre en H, ayant de plus l'angle

GBO égal à *OBH*, et l'hypoténuse *OB* commune, seront égaux (34) ; ils donneront par conséquent *OG*=*OH* : le cercle *GH* touchera donc *BC* en *H*, point qui est le milieu de *BC*, puisque les obliques *OB* et *OC* sont égales. Le même raisonnement fera voir que ce cercle touche pareillement chacun des autres côtés.

139. *Remarque.* Les angles *AOB*, *BOC*, *COD*, etc. formés par les rayons, menés du centre *O* du polygone, à chacun de ses angles, se nomment *angles au centre*, pour les distinguer des *angles à la circonférence*, *ABC*, *BCD*, *CDE*, etc. Tous les angles au centre d'un même polygone régulier, sont égaux, et leur somme étant équivalente à quatre droits (13), chacun d'eux est égal à cette somme, divisée par le nombre des angles ou des côtés du polygone proposé.

THÉORÈME.

140. *Les polygones réguliers d'un même nombre de côtés sont semblables, et leurs contours sont entre eux comme les rayons des cercles auxquels ils sont inscrits ou circonscrits.*

Démonstration. 1°. Ces polygones ont leurs angles égaux chacun à chacun ; les côtés du premier étant égaux entre eux et ceux du second étant aussi égaux entre eux, les uns et les autres sont tous dans le même rapport, et par conséquent proportionnels entre eux : les polygones sont donc semblables (87).

2°. Les angles *AOB* et *aob*, étant égaux, et les triangles *AOB* et *aob* étant d'ailleurs isocèles, seront semblables (66); ils donneront

$$AB : ab :: AO : ao ,$$

et les contours des polygones *ABCDEF*, *abcdef*, étant entre eux comme leurs côtés homologues *AB* et *ab* (93), seront donc, d'après cette proportion, dans le rapport des rayons AO et ao, des cercles dans lesquels ces polygones sont inscrits.

La similitude des triangles AGO et ago, rectangles l'un en G et l'autre en g, est évidente à cause de l'égalité des angles BAO et bao, et donne

$$AO : ao :: OG : og,$$

d'où l'on conclut

$$AB : ab :: OG : og.$$

Il en résulte par conséquent que les contours des deux polygones proposés, étant proportionnels à leurs côtés homologues AB et ab, le seront aussi aux rayons OG et og, des cercles auxquels ils sont circonscrits.

PROBLÈME.

141. *Un polygone d'un nombre quelconque de côtés étant inscrit au cercle, inscrire dans le même cercle un second polygone d'un nombre de côtés double de celui des côtés du premier, et trouver la valeur de l'un des côtés du second.*

FIG. 8o.   *Solution.* Soit AB, *fig.* 8o, l'un des côtés du premier polygone, et AOB l'angle au centre de ce polygone ; on divisera cet angle, ou l'arc $AB'B$ qui le mesure, en deux parties égales (111), au point B', et les droites AB' et $B'B$, égales entre elles, seront évidemment deux côtés contigus du nouveau polygone.

Pour trouver la valeur de AB', il faut prolonger le rayon $B'O$ jusqu'en D ; on aura alors (131)

$$\overline{AB'}^2 = \overline{B'D} \times \overline{B'E};$$

mais comme $B'E = B'O - EO$, que dans le triangle AEO, rectangle en E, le côté

$$EO = \sqrt{\overline{AO}^2 - \overline{AE}^2}$$

et que $AE = \frac{1}{2}AB$, $B'O = AO$, $B'D = 2AO$, on en conclura

$$B'E = AO - \sqrt{AO - (\tfrac{1}{2}AB)^2},$$

$$\overline{AB'}^2 = 2AO\left\{AO - \sqrt{\overline{AO}^2 - (\tfrac{1}{2}AB)^2}\right\}.$$

Si l'on prend pour mesure commune, ou pour unité, le rayon AO du cercle dans lequel sont inscrits les polygones proposés, on aura $AO = 1$; et il viendra

$$\overline{AB'}^2 = 2\left\{1 - \sqrt{1 - (\tfrac{1}{2}AB)^2}\right\}.$$

Si l'on partageait au point B'', l'arc AB' en deux parties égales, on aurait de même

$$\overline{AB''}^2 = 2\left\{1 - \sqrt{1 - (\tfrac{1}{2}AB')^2}\right\};$$

pour le côté du polygone qui en contient le double de celui qui le précède, et ainsi de suite.

142. Le plus simple des polygones réguliers, après le triangle équilatéral, est le quadrilatère dont les angles et les côtés sont égaux. Ce polygone se nomme *quarré*.

La somme des quatre angles intérieurs de ce polygone valant, d'après le n° 82, quatre angles droits, et tous étant égaux, chacun d'eux sera droit; ainsi, le quarré $ABCD$, *fig.* 81, a ses quatre côtés AB, BC, FIG. 81. CD, AD, égaux, et ses quatre angles A, B, C, D, droits.

143. *Remarques.* Le quarré est évidemment un parallélogramme (79) qui a ses quatre angles égaux, et ses quatre côtés égaux; il ne faut pas le confondre avec le parallélogramme qui n'a que ses côtés égaux, et dont les angles sont inégaux: ce dernier, dont la figure 82 FIG. 82. représente un cas, se nomme *rhombe* ou *losange*.

Quand les côtés contigus sont inégaux, mais que les angles demeurent droits, le parallélogramme étant rectangle, se nomme simplement *rectangle*; *A B C D*, *fig.* 83, est un rectangle.

FIG. 83.

Il est visible que tout rectangle peut s'inscrire dans un cercle, car les diagonales *AC* et *BD* étant égales dans ce cas, se couperont en un point *O*, également éloigné des points *A*, *B*, *C*, *D*, puisqu'en général *AO = OC, DO = OB* (80); et par conséquent ces points se trouveront sur la circonférence du cercle décrit du point *O* comme centre, avec un rayon égal à *AO*.

PROBLÈME.

144. *Construire un quarré sur une ligne donnée* AB, *fig.* 81.

FIG. 81.

Solution. Il faut élever sur les extrémités *A* et *B* de cette droite, deux perpendiculaires *AD* et *BC*, que l'on fera égales à *AB*; joignant leurs extrémités *C* et *D* par une droite, on aura le quarré demandé *ABCD*.

En effet, les côtés *AD* et *BC* étant parallèles et égaux, il en sera de même des côtés *DC* et *AB* (54); les angles *ADC* et *BAD*, internes d'un même côté, valant ensemble deux droits (47), et le second étant lui-même droit par construction, le premier sera droit aussi; on prouvera la même chose pour *BCD*, en le comparant avec *ABC*.

PROBLÈME.

145. *Inscrire dans un cercle les polygones de* 4, 8, 16, 32, 64, *etc. côtés.*

Solution. La question se réduit à inscrire d'abord celui de quatre côtés, puisque les autres se formeront par son moyen, d'après le n° 141.

FIG. 84.

Pour inscrire dans le cercle *ABCD, fig.* 84, un quarré, il faut, perpendiculairement à un diamètre quelconque *AC*, en élever un autre *BD*, ce qui déterminera sur la circonférence quatre points, *A*, *B*, *C*, *D*, lesquels étant joints par des droites, formeront le quarré demandé.

En effet, les angles ABC, BCD, etc. sont tous droits (114), et les côtés AB, BC, CD, AD, sont égaux, comme étant les hypoténuses des triangles rectangles AOB, BOC, DOC, AOD, visiblement égaux entre eux (16).

Le triangle rectangle AOB donnant

$$\overline{AB}^2 = \overline{AO}^2 + \overline{BO}^2 = 2\,\overline{AO}^2,$$

puisque $AO = BO$, on en conclura

$$AB = AO\sqrt{2};$$

et en prenant le rayon AO pour unité, il viendra seulement

$$AB = \sqrt{2}\ (*).$$

Si l'on substitue cette valeur dans celle de AB', n° 141, puis cette dernière dans celle de AB'', et ainsi de suite, on aura successivement la longueur des côtés des polygones de 8, 16, etc. côtés, rapportée à celle du rayon du cercle.

PROBLÈME.

146. *Inscrire dans un cercle les polygones de 3, 6, 12, 24, 48, etc. côtés.*

Solution. Le côté de l'hexagone régulier s'offre le premier; il est égal au rayon du cercle circonscrit. En effet, dans ce polygone, l'angle au centre AOB, *fig.* 85, FIG. 85. étant la sixième partie de quatre droits, est égal à $\frac{4}{6}$ ou $\frac{2}{3}$ d'un seul; retranchant cette quantité de deux droits, il reste $2 - \frac{2}{3}$ ou les $\frac{4}{3}$ d'un droit pour les deux autres

---

(*) Le procédé pour obtenir AB étant rigoureux, il s'ensuit que la Géométrie donne exactement la grandeur de l'incommensurable $\sqrt{2}$, que l'on ne peut obtenir que par approximation, avec le secours des nombres; mais il faut observer qu'alors le nombre cherché n'est que l'expression du rapport de AB avec AO; et s'il était possible d'effectuer avec une exactitude rigoureuse, sur ces lignes, l'opération indiquée dans le n° 5, elle ne finirait jamais; car aucune droite, quelque petite qu'elle soit, ne peut les mesurer en même temps l'une et l'autre.

angles BAO, ABO, égaux d'ailleurs entre eux, ce qui fait encore $\frac{2}{3}$ d'angle droit pour chacun : le triangle ABO ayant ses trois angles égaux, sera nécessairement équilatéral (37), et donnera par conséquent $AB = AO$.

On inscrira donc un hexagone dans un cercle, en portant le rayon du cercle six fois sur sa circonférence, et en joignant par des droites, les points de division consécutifs. En prenant $AO = 1$, on aura $AB = 1$, et on s'élevera, par le moyen de cette valeur et des formules du n° 141, aux valeurs des côtés des polygones inscrits, de 12, 24, 48, etc. côtés.

Pour parvenir à la valeur du côté du triangle équilatéral inscrit ACE, il suffit d'observer que ce triangle se forme en joignant par des droites les angles de l'hexagone, pris de deux en deux, et que le triangle ACD, rectangle en C (114), donne

$$AC = \sqrt{\overline{AD}^2 - \overline{CD}^2} = \sqrt{(2AO)^2 - \overline{AO}^2} = AO\sqrt{3};$$

et en faisant $AO = 1$, il viendra $AC = \sqrt{3}$.

PROBLÈME.

147. *Inscrire dans un cercle les polygones de 5, 10, 20, 40, etc. côtés.*

Solution. On trouve premièrement le côté du polygone qui en a dix, ou du décagone, en prenant le plus grand des deux segmens du rayon partagé en moyenne et extrême raison (132).

En effet, dans ce polygone, l'angle au centre AOB, fig. 86, est la dixième partie de quatre droits, ou les $\frac{2}{5}$ d'un seul; il reste pour les angles ABO et BAO, $2 - \frac{2}{5}$ d'angle droit, ou $\frac{8}{5}$, ce qui donne $\frac{4}{5}$ pour chacun : l'angle BAO est donc double de l'angle AOB. Si l'on mène AG, qui fasse avec AB, l'angle BAG égal à AOB, les deux triangles ABG et ABO ayant encore un angle commun B, seront semblables (65), et donneront

$$BG : AB :: AG : AO;$$

or, le triangle ABO étant isocèle, le triangle ABG le sera pareillement : on aura donc

$$AG = AB.$$

De plus, l'angle BAG étant égal à AOB, sera la moitié de BAO; l'autre moitié GAO sera par conséquent égale à AOB, ce qui donnera (37)

$$GO = AG = AB\,;$$

et la proportion précédente, devenant alors

$$BG : GO :: GO : BO,$$

montre que le rayon BO est en effet partagé, au point G, en moyenne et extrême raison, et que AB est égal au plus grand des deux segmens.

Si l'on joint par des droites les angles du décagone, pris de deux en deux, on aura le pentagone. Je ne m'arrêterai pas à calculer le côté du décagone, parce que cette recherche est plus curieuse qu'utile.

148. *Remarque.* On a dû s'apercevoir facilement que l'inscription des polygones dans le cercle, revenait à la division de la circonférence en un certain nombre de parties égales. Les procédés indiqués pour inscrire les polygones de 4, 8, 16, 32, etc. côtés, ceux de 3, 6, 12, 24, etc., ceux de 5, 10, 20, 40, etc., serviront à diviser la circonférence d'un cercle, suivant les nombres de ces diverses progressions.

Il est à propos de remarquer que l'on peut aussi la diviser suivant la progression 15, 30, 60, etc., parce que le polygone de six côtés donnant la sixième partie de la circonférence, et celui de dix en donnant la dixième partie, la différence des arcs soutendus par les côtés de ces polygones, sera égale à $\frac{1}{6} - \frac{1}{10}$ de la circonférence, ce qui revient à $\frac{1}{15}$ de la circonférence. En portant donc de A en H le rayon du cercle, l'arc BH sera cette 15e partie, et sa corde sera le côté du polygone de 15 côtés, ou du pentédécagone. Au moyen de la division continuelle des arcs en deux parties égales, ou de leur *bissection*, on obtiendra les polygones de 30, 60, etc. côtés (*).

PROBLÈME.

149. *Un polygone régulier d'un nombre quelconque de côtés étant inscrit dans un cercle, circonscrire à ce cercle un polygone régulier du même nombre de côtés; et réciproquement, le polygone circonscrit étant donné, construire le polygone inscrit.*

FIG. 87.   *Solution.* Soit $abcde$, *fig.* 87, le polygone proposé; on tirera les rayons Oa, Ob, Oc, etc. à l'extrémité desquels on élevera les perpendiculaires AE, BA, CB, etc., l'ensemble de ces perpendiculaires qui toucheront la circonférence du cercle $abcde$, sera le polygone demandé.

En effet, les triangles aAb, bBc, cCd, etc. sont tous égaux et isocèles, parce que les côtés ab, bc, cd, etc. sont égaux, et que les angles Aab, Aba, Bbc, Bcb, Ccd, Cdc, etc. formés sur ces côtés, comprenant des arcs égaux, ab, bc, cd, etc., sont aussi égaux (114): on aura donc

$$1^{\circ}.\ aAb = bBc = cCd, \text{ etc.},$$

$$2^{\circ}.\ aA = Ab = bB = Bc = cC = Cd, \text{ etc.},$$

d'où l'on conclura

$$AB = 2Ab,\ BC = 2Bc,\ CD = 2Cd, \text{ etc.}$$

(*) Ces divisions de la circonférence du cercle ne sont plus les seules que l'on puisse effectuer géométriquement; M. F. Gauss, dans un ouvrage intitulé *Disquisitiones arithmeticæ* (publié en 1801 à Leipsig, et traduit en français par M. Delisle), prouve que l'on peut opérer de même la division en $2^n + 1$ parties, lorsque ce nombre est premier (*voyez* aussi le *Complément des Elém. d'Algèbre*). De là résulte d'abord la division en 17 parties, dont il y a aussi une démonstration particulière, mais qui n'est pas de nature à trouver place ici.

et par conséquent

$$AB = BC = CD, \text{ etc.}$$

Le polygone $ABCDE$ ayant donc ses angles égaux ainsi que ses côtés, sera tel qu'on le demande.

On déduira le polygone inscrit du polygone circonscrit, en joignant les points a, b, c, d, etc. qui sont les milieux des côtés de ce dernier, et dans lesquels il touche la circonférence.

Pour s'en convaincre, il suffit d'observer que les triangles aAb, bBc, cCd, etc. sont maintenant égaux comme ayant un angle égal compris entre deux côtés égaux chacun à chacun, puisque les angles A, B, C, etc. sont ceux d'un polygone régulier, et que aA, Ab, bB, etc. sont les moitiés des côtés AE, AB, BC, etc. égaux entre eux. Il résulte de là que les côtés ab, bc, cd, etc. sont égaux, que les arcs qu'ils soutendent le sont aussi; et que par conséquent les angles abc, bcd, etc. dont le sommet est à la circonférence, et qui comprennent entre leurs côtés un même nombre de ces arcs, sont égaux entre eux (114). Le polygone $abcde$ ayant ses angles et ses côtés égaux, est donc le polygone inscrit demandé.

On pourrait aussi former le polygone inscrit $a'b'c'd'e'$, qui ne diffère de $abcde$ que par sa position, en tirant les droites AO, BO, CO, etc. des angles du polygone circonscrit $ABCDE$ au centre du cercle inscrit, et joignant les points a', b', c', etc. où ces lignes rencontrent la circonférence de ce même cercle. En effet, puisque $AO = BO$, $a'O = b'O$, on aura

$$AO : a'O :: BO : b'O ;$$

par conséquent la droite $a'b'$ sera parallèle à AB (60), et les triangles AOB, $a'Ob'$, seront semblables ; il en sera de même de BOC et de $b'Oc'$, et ainsi de suite : les côtés $a'b'$, $b'c'$, $c'd'$, etc. étant homologues à AB, BC, CD, etc. seront donc nécessairement égaux entre eux ; et l'on prouvera, comme ci-dessus, qu'ils comprennent des angles égaux.

150. *Corollaire.* On peut trouver, d'après ce qui précède, la valeur du côté AB du polygone circonscrit. En effet les droites Aa et Ab étant égales (149) ainsi que Oa et Ob, la ligne AO est perpendiculaire sur le milieu de ab (29), et les triangles OGa et OAa sont semblables, comme ayant chacun un angle droit, l'un en G, l'autre en a, et un angle commun en O. On tire de là

$$OG : Oa :: aG : aA,$$

ou
$$OG : Oa :: \tfrac{1}{2} ab : \tfrac{1}{2} AE,$$

d'où il résulte

$$AE \text{ ou } AB = \frac{\overline{ab} \times \overline{Oa}}{\sqrt{\overline{Oa}^2 - (\tfrac{1}{2} ab)^2}},$$

en observant que le triangle rectangle OGa, donne

$$OG = \sqrt{\overline{Oa}^2 - \overline{aG}^2} = \sqrt{\overline{Oa}^2 - (\tfrac{1}{2} ab)^2}.$$

151. *Remarque.* Il est important d'observer qu'à mesure qu'on multiplie les côtés du polygone inscrit, son contour augmente ; tandis que celui du polygone circonscrit diminue dans la même circonstance. En effet, FIG. 88. si on divise en deux l'arc $aa'b$, *fig.* 88, et qu'on tire les cordes aa' et $a'b$, on aura deux côtés consécutifs du polygone inscrit, d'un nombre de côtés double de celui des côtés du polygone auquel appartient ab. Tirant ensuite $A'B'$ perpendiculairement à $a'O$, les droites aA', $A'a'$, $a'B'$, $B'b$, seront des demi-côtés du polygone circonscrit correspondant à celui dont aa' fait partie (149). Maintenant il est visible que les portions aAb, $aA'B'b$, ab, $aa'b$, seront contenues dans les polygones dont elles font partie, autant de fois que l'arc $aa'b$ l'est dans la circonférence entière, et seront par conséquent des parties semblables de chaque po-

lygone; et puisque

$$aa' + a'b > ab,$$

le contour du second polygone inscrit surpassera celui du premier. Ensuite, de ce que

$$B'A' < AA' + AB'$$

il résulte

$$aA'B'b < aA + bA \quad (15),$$

et que par conséquent le contour du second polygone circonscrit est moindre que celui du premier.

Cela posé, puisque le polygone inscrit, toujours moindre que le polygone circonscrit correspondant, augmente de contour, quand on multiplie ses côtés, tandis que celui-ci diminue, il en résulte que la différence entre les deux polygones décroît aussi dans la même circonstance. On peut même, quelque petite que soit la quantité donnée δ, trouver deux polygones, l'un inscrit, l'autre circonscrit, tels que la différence de leurs contours soit moindre que cette grandeur. Pour s'en convaincre, il faut se rappeler que les contours de deux polygones réguliers d'un même nombre de côtés, sont entre eux comme les rayons des cercles auxquels ils sont circonscrits (140); car si l'on désigne par P le contour du polygone $ABCDE$, *fig.* 87, FIG. 87. et par p celui du polygone $abcde$, on aura

$$P : p :: Oa : OG;$$

d'où l'on conclura

$$P - p : P :: Oa - OG : Oa, \text{ et } P - p = \frac{a'G \times P}{Oa}.$$

Mais rien ne s'oppose à ce que l'on rende $a'G$ plus petit que telle grandeur donnée qu'on voudra; car, ayant porté sur le rayon Oa' une partie $a'G$ de la petitesse demandée, et tiré la corde ab, si l'arc $aa'b$ n'est pas aliquote de la circonférence, il n'y aura qu'à prendre une partie aliquote moindre que cet arc, et la ligne analogue à $d'G$ sera encore plus petite.

On peut donc, en multipliant, autant qu'il sera nécessaire, les côtés du polygone inscrit, rendre la quantité $P - p$ aussi petite qu'on voudra.

152. *Corollaire.* Puisque, d'après ce qui précède, les contours des polygones circonscrits diminuent sans cesse à mesure qu'ils approchent de la circonférence du cercle, tandis que ceux des polygones inscrits augmentent toujours dans la même circonstance, il est visible que la circonférence du cercle est moindre que le contour du polygone circonscrit, et plus grande que celui du polygone inscrit. Cette circonférence différera donc moins de l'un quelconque de ces contours, qu'ils ne diffèrent entre eux; et l'on pourra par conséquent trouver un polygone, soit inscrit, soit circonscrit, tel, que la différence entre son contour et la circonférence du cercle, soit moindre qu'une grandeur donnée, quelque petite qu'elle soit.

C'est sur cette propriété que repose le procédé qu'Archimède employa pour parvenir à déterminer d'une manière approchée, le rapport de la circonférence au diamètre, et j'en ferai un usage semblable, lorsque j'aurai montré que ce rapport est le même dans tous les cercles; pour cela j'établirai un théorème qui pourra s'appliquer à toutes les propositions du genre de celle que j'ai à démontrer.

THÉORÈME.

153. *Si deux grandeurs invariables* A *et* B *sont telles qu'on puisse prouver que leur différence* A — B *est moindre qu'une troisième grandeur* δ, *quelque petite que puisse être cette dernière, ces deux grandeurs sont égales entre elles.*

Démonstration. En effet, si elles étaient inégales on

aurait nécessairement $A - B = D$, D marquant leur différence ; il ne serait donc pas possible de prendre δ au-dessous de D, et par conséquent aussi petit qu'on voudrait.

Observation. Il faut bien faire attention dans la proposition ci-dessus au mot *invariable ;* car on peut bien trouver, par exemple, une expression de $\sqrt{2}$ qui diffère de la vraie, d'une quantité moindre que telle autre qu'on voudra, sans cependant arriver jamais à la valeur exacte de $\sqrt{2}$; mais les résultats changent à chaque nouvelle approximation, tandis que les grandeurs A et B ne sont susceptibles l'une et l'autre, que d'une seule détermination.

THÉORÈME.

154. *Les circonférences des cercles sont entre elles comme leurs rayons ou leurs diamètres.*

Démonstration. Quel que soit le nombre de leurs côtés, pourvu qu'il soit le même dans l'un et dans l'autre, les contours de deux polygones réguliers, étant entre eux comme les rayons des cercles dans lesquels ils sont inscrits, si on désigne par p et p' ces contours, et par R et R' les rayons des cercles correspondans, on aura $\dfrac{p'}{p} = \dfrac{R'}{R}$; et de plus, on peut concevoir que le nombre des côtés des polygones soit tel que les différences entre leurs contours, et la circonférence du cercle dans lequel chacun d'eux est inscrit, soient au-dessous de telle grandeur qu'on voudra. Si donc $\dfrac{C'}{C}$ est le rapport des circonférences, la différence entre les rapports $\dfrac{C'}{C}$ et $\dfrac{p'}{p}$, s'il en existe une, pourra être réduite à tel degré de petitesse qu'on voudra. Cette différence étant aussi celle des rapports invariables $\dfrac{C'}{C}$ et $\dfrac{R'}{R}$, puisque $\dfrac{p'}{p} = \dfrac{R'}{R}$, on peut prouver que la différence entre les quantités invariables $\frac{C'}{C}$ et $\frac{R'}{R}$, est au-dessous de toute grandeur donnée : on aura donc, par la proposition précédente,

$$\frac{C'}{C} = \frac{R'}{R}, \text{ ou } C : C' :: R : R',$$

ce qui donne aussi

$$C : C' :: 2R : 2R' \text{ ou } :: D : D',$$

en appelant D et D' les diamètres des cercles proposés (*).

______

(*) Cette proposition peut se prouver de plusieurs manières immédiatement, par des raisonnemens analogues à ceux du n° 58, en observant que, quelque peu différens que soient l'un de l'autre deux cercles, on peut toujours concevoir un polygone régulier plus grand que l'un et plus petit que l'autre. Cette proposition, qui résulte évidemment de celle du n° 152, a été présentée par Euclide (*liv. XII, proposit.* 16), sous une forme très-élégante. Cet auteur suppose qu'on ait décrit les deux cercles sur un centre commun O, *fig.* 89. Il est visible alors que si on mène la tangente MN au cercle intérieur, et qu'en prenne sur le cercle extérieur une partie aliquote moindre que l'arc MQN, le polygone $D'E'F'G'H'$, construit sur cette partie, n'atteindra point la circonférence du petit cercle.

Voici comme Maurolycus, auteur d'un Commentaire très-estimé sur Archimède, imprimé à Panorme en Sicile, sous la date de 1685, s'est servi de cette remarque pour démontrer la proposition ci-dessus (*pag.* 5 et *suiv.*).

Si l'on n'avait pas $C : C' :: DO : d'O'$, mais $C : C' :: DO : D'O'$, $D'O'$ étant $> d'O'$, on décrirait sur $D'O$ un cercle concentrique au cercle C', et l'on inscrirait dans le premier un polygone $D'E'F'G'H'$, qui n'atteignît pas le second : comparant ce polygone à son correspondant $DEFGH$ dans le cercle C, et désignant les contours respectifs de ces polygones par p' et p, on aurait

$$DO : D'O :: p : p',$$

d'où il suivrait

$$C : C' :: p : p',$$

proportion absurde, puisque $C > p$, $C' < p'$.

On ne peut pas supposer non plus moindre que $d'O'$ le quatrième terme de la proportion dont les trois premiers sont C, C', DO; car

155. *Corollaire.* La proposition précédente fait voir que le rapport de la circonférence au diamètre est le même dans tous les cercles, et qu'on peut, au moyen de ce rapport, calculer la longueur d'une circonférence dont on connaît le rayon. En effet, si π désigne ce rapport, ou, ce qui revient au même, la circonférence du cercle dont le diamètre est pris pour unité, on aura cette proportion :

$$1 : \pi :: 2R : C,$$

de laquelle on tirera

$$C = 2\pi R, \text{ et } R = \frac{C}{2\pi};$$

formules avec lesquelles on calculera la circonférence C, lorsque le rayon R sera donné, ou le rayon quand on connaîtra la circonférence.

PROBLÈME.

156. *Trouver le rapport approché de la circonférence au diamètre.*

Solution. Il est évident par le n° 152, qu'on résoudra cette question, en calculant dans une des suites de polygones qu'on sait inscrire, le contour d'un certain nombre des premiers, et le contour des polygones circonscrits.

---

si cela était, en le désignant par X, on aurait

$$X : DO :: d'O' : Z,$$

Z étant $> DO$, et renversant la proportion $C : C' :: DO : X$, il en résulterait

$$C' : C :: X : DO :: d'O' : Z ;$$

c'est-à-dire que le quatrième terme de la proportion $C' : C :: d'O' : Z$ serait plus grand que le rayon du second cercle, ce qui a été prouvé absurde dans le premier cas de la démonstration.

L'avantage qu'on peut trouver à ce tour de démonstration, qui est, comme on le voit, très-ancien, c'est qu'il met, en quelque sorte, sous les yeux le polygone qu'il faut considérer.

correspondans. On aura par ce moyen deux suites de nombres, les uns plus petits que la circonférence, les autres plus grands; et l'on s'arrêtera lorsque la différence des nombres correspondans des deux suites, sera devenue moindre que le degré d'approximation qu'on veut obtenir dans la valeur de la circonférence. Je vais appliquer à cette recherche les polygones de 6, 12, 24, etc. côtés, inscrits et circonscrits au cercle dont le rayon $= 1$.

Soient d'abord, a le côté d'un polygone inscrit quelconque, A celui du polygone circonscrit correspondant, a' enfin celui du polygone inscrit comprenant le double de côtés du premier; on aura (150)

$$A = \frac{a}{\sqrt{1 - \frac{1}{4} a^2}} = \frac{a}{\frac{1}{2} \sqrt{4 - a^2}};$$

et (141),

$$a' = \sqrt{2\left(1 - \sqrt{1 - \frac{1}{4} a^2}\right)} = \sqrt{2 - \sqrt{4 - a^2}}.$$

En commençant par l'hexagone inscrit, on aura $a = 1$, on trouvera $A = \dfrac{2}{\sqrt{3}}$. Le contour de l'hexagone inscrit sera par conséquent 6, celui de l'hexagone circonscrit $\dfrac{12}{\sqrt{3}}$; et la circonférence se trouvera comprise entre ces deux nombres : on obtiendra des limites plus resserrées en passant aux polygones réguliers de 12 côtés et aux suivans.

Soient donc a', a'', a''', etc. les côtés des polygones inscrits de 12, de 24, de 48, etc. côtés, A', A'', A''', etc. les côtés des polygones circonscrits correspondans, le rayon du cercle étant 1, sa circonférence sera 2π (155); et si, pour abréger, on pose

$$r' = \tfrac{1}{2} \sqrt{4 - a'^2}, \quad r'' = \tfrac{1}{2} \sqrt{4 - a''^2}, \quad r''' = \tfrac{1}{2} \sqrt{4 - a'''^2}, \text{ etc.}$$

on aura par les formules précédentes

$$a' = \sqrt{2-\sqrt{3}}, \qquad A' = \frac{a'}{r'}, \qquad 2\pi \begin{cases} > 12\, a' \\ < 12\, A' \end{cases}$$

$$a'' = \sqrt{2-2r'}, \qquad A'' = \frac{a''}{r''}, \qquad 2\pi \begin{cases} > 24\, a'' \\ < 24\, A'' \end{cases}$$

$$a''' = \sqrt{2-2r''}, \qquad A''' = \frac{a'''}{r'''}, \qquad 2\pi \begin{cases} > 48\, a''' \\ < 48\, A''' \end{cases}$$

etc.

On trouvera successivement $\sqrt{3} = 1{,}7320508075688877$ (*).

a'	$= 0{,}517638090205$	$12\ a' = 6{,}2116571$
r'	$= 0{,}965925826289$	$12\ A' = 6{,}4307806$
a''	$= 0{,}261052384440$	$24\ a'' = 6{,}2652572$
r''	$= 0{,}991444861374$	$24\ A'' = 6{,}3193199$
a'''	$= 0{,}130806258460$	$48\ a''' = 6{,}2787004$
r'''	$= 0{,}997858923234$	$48\ A''' = 6{,}2921724$
a^{IV}	$= 0{,}065438165643$	$96\ a^{IV} = 6{,}2820639$
r^{IV}	$= 0{,}999464587476$	$96\ A^{IV} = 6{,}2854292$
a^{V}	$= 0{,}032723463253$	$192\ a^{V} = 6{,}2829049$
r^{V}	$= 0{,}999866137909$	$192\ A^{V} = 6{,}2837461$
a^{VI}	$= 0{,}016362279208$	$384\ a^{VI} = 6{,}2831152$
r^{VI}	$= 0{,}999966535917$	$384\ A^{VI} = 6{,}2833260$
a^{VII}	$= 0{,}008181208052$	$768\ a^{VII} = 6{,}2831678$
r^{VII}	$= 0{,}999991633444$	$768\ A^{VII} = 6{,}2832203$
a^{VIII}	$= 0{,}004090612582$	$1536\ a^{VIII} = 6{,}2831809$
r^{VIII}	$= 0{,}999997908359$	$1536\ A^{VIII} = 6{,}2831941$
a^{IX}	$= 0{,}002045307361$	$3072\ a^{IX} = 6{,}2831842$
r^{IX}	$= 0{,}999999477089$	$3072\ A^{IX} = 6{,}2831875$
a^{X}	$= 0{,}001022653814$	$6144\ a^{X} = 6{,}2831850$
r^{X}	$= 0{,}999999869272$	$6144\ A^{X} = 6{,}2831858$
a^{XI}	$= 0{,}000511326924$	$12288\ a^{XI} = 6{,}2831852$
r^{XI}	$= 0{,}999999967318$	$12288\ A^{XI} = 6{,}2831854$

On voit par ce tableau comment les contours des polygones inscrits et circonscrits, correspondans, se rappro-

---

(*) *Voyez* Mémoires de l'Académie des Sciences, 1747, pag. 445.

chent de plus en plus ; ceux des polygones de 12288 côtés ne diffèrent que de deux unités décimales du septième ordre. Les sept premiers chiffres, communs à l'un et à l'autre, appartiendront nécessairement à la circonférence du cercle, dont la longueur sera par conséquent 6,283185, à moins d'un millionième près.

Si l'on prend pour la circonférence du cercle, le milieu entre le contour du polygone inscrit et celui du polygone circonscrit de 12288 côtés, on aura 6,2831853, valeur qui est exacte jusqu'au dernier chiffre inclusivement ; le rapport du diamètre à la circonférence sera donc 2 : 6,2831853, ou 1 : 3,1415926, en divisant ses deux termes par 2. Ainsi 3,1415926 est une valeur approchée du rapport désigné par π, dans le n° 155 ; et en faisant $C = 1$, on trouvera $2R = 0,3183099$, nombre qui représente le diamètre, lorsque la circonférence est 1.

Archimède s'arrêta au polygone inscrit et circonscrit de 96 côtés, et trouva que la circonférence du cercle était $< 3\frac{10}{70}$ et $> 3\frac{10}{71}$; ce qui donne le rapport si connu de 1 : 3$\frac{1}{7}$ ou 7 : 22. Depuis on a poussé l'exactitude beaucoup plus loin ; mais parmi les divers rapports connus, celui de 113 à 355 mérite une attention particulière par sa simplicité et son exactitude, puisqu'étant évalué en décimales, il donne 3,1415929, résultat vrai jusqu'au sixième chiffre décimal. *Adrien Métius*, en rapportant dans sa *Geometriæ practica* le rapport ci-dessus, l'attribue à son père *Pierre Métius*, comme l'ayant publié dans une Réfutation de la quadrature du cercle, de Simon Duchesne (*).

____

(*) Les recherches des savans anglais dans l'Inde, nous ont fait connaître un rapport de la circonférence au diamètre plus approché que celui d'Archimède, et qu'ils regardent comme plus ancien ; c'est celui de 3927 à 1250, consigné dans un ouvrage des Bramines, intitulé *Ayeen Akbery*. Il revient à 3,1416 : il est exact jusqu'aux dix millièmes, et dépend par conséquent du polygone de 768 côtés.

Il est bon de savoir que les rapports 7 : 22 et 113 : 355 se pré-

157. *Remarques.* La formation du tableau précédent n'est pas le moyen le plus expéditif pour parvenir à la valeur du côté du dernier polygone inscrit qu'il renferme ; on réduit à la moitié le nombre des extractions de racines en calculant, au lieu des côtés des polygones intermédiaires, les cordes BC, $B'C$, *fig.* 80, des arcs FIG. 80. qu'il faut ajouter aux arcs AB et AB', pour compléter la demi-circonférence. En effet,

$$BC = \sqrt{\overline{AC}^2 - \overline{AB}^2}, \quad B'C = \sqrt{\overline{AC}^2 - \overline{AB'}^2},$$

puisque les triangles ABC, $AB'C$, formés sur le diamètre AC et ayant un de leurs angles à la circonférence, sont nécessairement rectangles (114). Si l'on prend le rayon AO pour unité, que l'on désigne AB et AB', par a et a' ; BC et $B'C$ par b et b', à cause de $AC = 2$, on trouvera

$$b = \sqrt{4 - a^2}, \quad b' = \sqrt{4 - a'^2} ;$$

et comme on a, par le n° précéd., $a' = \sqrt{2 - \sqrt{4 - a^2}}$, il viendra

$$a' = \sqrt{2 - b} \text{ ou } a'^2 = 2 - b ;$$

mettant cette valeur dans celle de b', il en résultera

$$b' = \sqrt{2 + b} :$$

sentent d'eux-mêmes dans la suite des fractions approchées que l'on obtient lorsque l'on convertit en fraction continue (*Arithm.* 163) la fraction ordinaire qui correspond au rapport exprimé ci-dessus en décimales (*Arithm.* 85). Mais comme ce rapport n'est pas rigoureusement exact, on ne doit pas pousser le calcul jusqu'à la fin ; il faut opérer en même temps sur les fractions

$$\frac{31415926}{10000000}, \quad \frac{31415927}{10000000},$$

l'une plus grande, l'autre plus petite que le rapport exact, et se borner aux quotiens qui sont communs aux deux opérations. (Pour plus de détails, voyez le *Compl. des Elém. d'Algèbre.*)

on passera donc de b à b' en prenant la racine quarrée de la première quantité augmentée de 2. Il est évident qu'on aura de même $b'' = \sqrt{2 + b'}$, b'' représentant la corde $B''C$ de l'arc correspondant à AB'', moitié de AB', et ainsi de suite.

En partant de $a = 1$, on trouvera

$$b = \sqrt{3} = 1,7320508075,$$
$$b' = \sqrt{2 + 1,7320508075} = 1,9318516525$$
$$b'' = \sqrt{2 + 1,9318516525} = 1,9828897227$$
$$b''' = \sqrt{2 + 1,9828897227} = 1,9957178465$$
$$b^{iv} = \sqrt{2 + 1,9957178465} = 1,9989291749$$
$$b^{v} = \sqrt{2 + 1,9989291749} = 1,9997322758$$
$$b^{vi} = \sqrt{2 + 1,9997322758} = 1,9999330678$$
$$b^{vii} = \sqrt{2 + 1,9999330678} = \sqrt{3,9999330678};$$

et comme b répond au polygone de 6 côtés, b' répondra à celui de 12, b'' à celui de 24, b''' à celui de 48, b^{iv} celui de 96, b^{v} à celui de 192, b^{vi} à celui de 384, et b^{vii} à celui de 768. En nommant a^{vii} le côté de ce dernier, on aura

$$a^{vii} = \sqrt{4 - b^{vii2}} = \sqrt{4 - 3,9999330678}$$
$$= \sqrt{0,0000669322} = 0,00818121 ;$$

et multipliant ce nombre par 768, on obtiendra le contour du polygone inscrit de 768 côtés, comme dans le tableau du n° précédent : on calculera ensuite le polygone circonscrit correspondant.

PREMIÈRE PARTIE.

SECTION II.

De l'aire des polygones et de celle du cercle.

158. PAR la surface d'une figure quelconque, on entend la portion d'étendue renfermée entre les lignes qui terminent cette figure. On appelle aussi cette étendue l'*aire* de la figure.

Il serait convenable d'affecter spécialement le mot *aire* à l'étendue superficielle, lorsqu'on l'envisage par rapport à sa grandeur : car le mot *surface* s'emploie le plus souvent pour désigner la forme, abstraction faite de toutes limites (*) : c'est ce que je ferai dans le cours de cet ouvrage.

159. Il est évident, et d'ailleurs la suite en fournira beaucoup d'exemples, que deux figures de formes très-différentes peuvent renfermer des aires égales. J'exprimerai cette circonstance en disant, avec M. *Legendre*, que les deux figures sont *équivalentes*, et réservant la dénomination d'*égales* pour les figures semblables qui peuvent être superposées.

160. Dans les triangles et dans les parallélogrammes,

(*) On dit en effet une *surface courbe*, par opposition au plan ou à la surface plane ; et pour en déterminer l'étendue, il faudrait dire *la surface d'une surface courbe*, locution vicieuse à tous égards, tandis que l'*aire d'une surface courbe* est une expression à la fois claire et correcte. En l'adoptant, on conserve l'analogie entre les lignes et les surfaces, puisque ces mots s'appliquent aux formes seulement ; et le mot *aire* devient, pour le second cas, l'analogue du mot *longueur* dans le premier.

on choisit arbitrairement un des côtés, auquel on donne le nom de *base*, et l'on appelle *hauteur* la perpendiculaire abaissée de l'angle opposé à ce côté dans le triangle, ou d'un point quelconque du côté opposé dans le parallélogramme.

FIG. 90. BD et $B'D'$, *fig.* 90, sont les hauteurs des triangles ABC, $A'B'C'$, en prenant les côtés AC, $A'C'$, pour base. Il faut remarquer que la perpendiculaire $B'D'$, tombant en dehors du triangle $A'B'C'$, est, à proprement parler, perpendiculaire sur le prolongement de la base.

Le sommet de l'angle opposé à la base s'appelle le *sommet* du triangle.

La droite IK est la hauteur du parallélogramme $EFGH$. Il est évident qu'elle demeurera la même, de quelque point du côté HG qu'on l'abaisse (55).

Il n'est pas moins évident que les triangles dont les bases sont sur la même droite, et dont les sommets sont sur une ligne parallèle à cette base, ont même hauteur ; c'est-à-dire que les triangles compris entre les mêmes parallèles ont même hauteur. Les triangles ABC, $A'B'C'$, et le parallélogramme $EFGH$, ont tous les trois même hauteur, puisque, entre les parallèles AF et BG, les droites BD, $B'D'$ et IK, sont égales (55).

THÉORÈME.

161. *Deux parallélogrammes de même base et de même hauteur, sont équivalens.*

Démonstration. Ces parallélogrammes ayant même base, on pourra poser celle de l'un sur celle de l'autre, et comme ils ont en outre même hauteur, le côté parallèle à la base du premier, tombera sur le côté opposé à la base du second, ou sur le prolongement de FIG. 91.   ce côté, ainsi que le montrent les deux figures 91, à l'égard des parallélogrammes $ABCD$, $ABEF$.

Cela posé, les triangles *ADF* et *BCE* sont égaux, parce que les côtés *AD* et *BC*, *AF* et *BE*, sont respectivement égaux, comme côtés opposés d'un même parallélogramme, et que les angles *DAF*, *CBE*, dont les côtés sont parallèles, et les ouvertures tournées dans le même sens, sont égaux. Si du quadrilatère *ABED*, on retranche d'une part le triangle *ADF*, et de l'autre *BCE*, on aura nécessairement deux grandeurs égales, dont l'une sera le parallélogramme *ABEF*, et l'autre le parallélogramme *ABCD*.

THÉORÈME.

162. *Un triangle quelconque est la moitié d'un parallélogramme de même base et de même hauteur.*

Démonstration. Si, par les angles *B* et *C* du triangle *ABC*, *fig*. 92, on mène les droites *BD* et *CD*, respec- FIG. 92. tivement parallèles aux côtés *AC* et *AB*, la figure *ABCD* sera un parallélogramme (79) ayant même base et même hauteur que le triangle proposé (160). Les triangles *ABC* et *BCD*, ayant leurs côtés *AB* et *CD*, *AC* et *BD*, égaux (54), et en outre le côté *CB* commun, seront égaux ; le triangle *ABC* sera donc la moitié du parallélogramme *ABCD*.

163. *Corollaire.* Il suit de là que deux triangles qui ont même base et même hauteur, sont équivalens. En effet, ces triangles seront, d'après ce qui précède, les moitiés de parallélogrammes de même base et de même hauteur, ou de parallélogrammes équivalens (161).

PROBLÈME.

164. *Transformer un polygone d'un certain nombre de côtés en un autre qui ait un côté de moins, et qui soit équivalent.*

Solution. Soit pour exemple le pentagone *ABCDE*, *fig*. 93 : on joindra les deux angles *E* et *C* par une FIG. 93.

droite, et par le sommet de l'angle D, placé entre les premiers, on mènera parallèlement à EC, la droite DF, qui déterminera sur le côté AE prolongé, un point F, lequel étant joint au point C, formera le quadrilatère $ABCF$, équivalent au pentagone $ABCDE$.

Pour s'en convaincre, il suffit de remarquer que les triangles CDE, CFE, reposant sur la même base EC, et étant compris entre les parallèles CE et DF, sont équivalens (n° précédent), et que l'on obtient le pentagone $ABCDE$, et le quadrilatère $ABCF$, en ajoutant successivement chacun de ces triangles au même quadrilatère $ABCE$.

FIG. 94. Le procédé ne changerait pas, quand même le pentagone $ABCDE$ aurait un angle rentrant, comme dans la figure 94; seulement il faudrait observer, pour la démonstration, que le pentagone $ABCDE$ et le quadrilatère $ABCF$ se forment en retranchant du quadrilatère $ABCE$, les triangles équivalens CDE et CFE.

Il est évident que la construction et les raisonnemens qui précèdent peuvent s'appliquer à quelque polygone que ce soit.

165. *Corollaire.* En effectuant sur le quadrilatère $ABCF$, une construction semblable à la précédente, on le transformera en un triangle équivalent; et par une suite d'opérations semblables, on transformera un polygone quelconque en un triangle équivalent. Si l'on avait, par exemple, un hexagone, on le transformerait d'abord en un pentagone, puis on ferait de celui-ci un quadrilatère, puis enfin de ce dernier un triangle.

THÉORÈME.

FIG. 95. 166. *Deux rectangles de même base,* ABCD, *et* EFGH, fig. 95, *sont entre eux comme leurs hauteurs* (*).

(*) J'ai changé l'énoncé qu'on donne ordinairement à cette pro-

Démonstration. Ici, comme dans le n° 58, les hauteurs AD et EH des deux parallélogrammes, peuvent être commensurables entre elles, ou bien incommensurables.

Dans la première hypothèse, si l'on divise ces hauteurs AD et EH en parties, telles que Ad et Eh, égales à leur commune mesure, et que par les points de division on mène des parallèles à la base, on formera dans chacun des rectangles proposés autant de rectangles égaux qu'il y a de divisions dans sa hauteur ; car la base de tous ces petits rectangles sera égale à AB, et leurs hauteurs seront toutes égales entre elles. Le rapport des rectangles $ABCD$ et $EFGH$, sera évidemment égal à celui des nombres qui expriment combien il y a de petits rectangles dans l'un et dans l'autre, nombres qui sont précisément ceux des parties égales contenues dans leurs hauteurs AD et EH ; on aura donc

$$ABCD : EFGH :: AD : EH.$$

Dans la figure, le rectangle $ABCD$ se trouvant partagé en cinq parties égales à $ABcd$, et le rectangle $EFGH$ en trois, on a

$$ABCD : EFGH :: 5 : 3.$$

Lorsque les hauteurs AD et EH sont incommensurables, *fig.* 96, on prouve que le rapport des rectangles FIG. 96. $ABCD$ et $EFGH$, ne peut être ni plus grand, ni moindre que celui de ces hauteurs.

En effet, si l'on avait

$$ABCD : EFGH :: AD : EI,$$

EI surpassant EH, que l'on conçût AD divisé en parties égales, moindres que HI, et que l'on portât ces parties sur EH, de E vers H, il tomberait nécessairement un point de division h, entre H et I. En menant

---

position, afin de le rendre semblable à celui de la proposition du n° 255, qui est analogue à celle-ci.

Géométrie. 11ᵉ édition. 8

par ce point hg parallèle à EF, on formerait le rectangle $EFgh$, pour lequel on aurait

$$ABCD : EFgh :: AD : Eh,$$

puisque les hauteurs AD et Eh seraient commensurables entre elles par construction; et comparant cette proportion à la précédente, on en tirerait

$$EFGH : EFgh :: EI : Eh;$$

ce qui ne peut être, puisque $EFGH < EFgh$ et $EI > Eh$.

En portant le point I de l'autre côté de GH en I', on ne pourrait pas non plus avoir

$$ABCD : EFGH :: AD : EI',$$

parce qu'en prenant en h', le point de division correspondant à h, on aurait premièrement pour les hauteurs AD et Eh', commensurables entre elles,

$$ABCD : EFg'h' :: AD : Eh',$$

ce qui conduirait encore à la proportion

$$EFGH : EFg'h' :: EI' : Eh',$$

absurde à cause que $EFGH > EFg'h'$ et $EI' < Eh'$.

Le rapport de $ABCD$ à $EFGH$ ne pouvant donc être ni plus grand ni plus petit que celui de AD à EH, on aura nécessairement

$$ABCD : EFGH :: AD : EH.$$

THÉORÈME.

167. *Deux rectangles quelconques sont entre eux comme les produits de leur base par leur hauteur, ou comme les produits de deux côtés contigus.*

Démonstration. En prenant sur la base du parallélogramme $ABCD$, *fig.* 97, une partie Ab, égale à la base du parallélogramme $EFGH$, et tirant la droite bc parallèle à BC, on aura par le théorème précédent,

$$AbcD : EFGH :: AD : EH;$$

FIG. 97.

prenant ensuite AD pour base des parallélogrammes $ABCD$ et $AbcD$, qui auront alors pour hauteur AB et Ab, on en conclura

$$ABCD : AbcD :: AB : Ab.$$

En multipliant ces proportions par ordre, avec l'attention d'omettre le facteur $AbcD$, commun aux deux termes du premier rapport composé, et de substituer à Ab son égale EF, il viendra

$$ABCD : EFGH :: \overline{AB} \times \overline{AD} : \overline{EF} \times \overline{EH},$$

résultat qui renferme l'énoncé de la proposition (*).

168. *Remarque.* Mesurer des grandeurs n'étant autre chose que comparer entre elles celles de même espèce, il est évident que la mesure des aires doit avoir pour

---

(*) Je me suis servi ci-dessus de la multiplication par ordre, comme du moyen le plus simple pour parvenir au résultat cherché; mais il pourrait arriver que l'on éprouvât quelque difficulté à concevoir ce changement, dans lequel il semble qu'il faut multiplier des aires entre elles. Cette difficulté cessera si l'on imagine que ces aires, pour être comparées entre elles, sont rapportées à une certaine aire prise pour mesure commune ou pour unité. On mettra encore plus de netteté dans ce passage, en le rendant ainsi :

Les proportions $\quad \begin{aligned} AbcD : EFGH &:: AD : EH \\ ABCD : AbcD &:: AB : Ab \end{aligned} \quad$ donnent $\quad \begin{aligned} \frac{EFGH}{AbcD} &= \frac{EH}{AD} \\ \frac{AbcD}{ABCD} &= \frac{Ab}{AB} \end{aligned}$

ce qui ne présente aucune obscurité, puisqu'il s'agit de rapports de grandeurs homogènes. Cela posé, $\dfrac{EH}{AD}$ désignant combien l'aire $AbcD$ est contenue dans $EFGH$, et $\dfrac{Ab}{AB}$ combien l'aire $ABCD$ est contenue dans $AbcD$, le nombre de fois que la première est contenue dans la dernière, sera donc exprimé par

$$\frac{EH}{AD} \times \frac{Ab}{AB} = \frac{\overline{EF} \times \overline{EH}}{\overline{AB} \times \overline{AD}},$$

en concevant les droites rapportées à une commune mesure.

8..

but de savoir combien une aire quelconque en contient une autre, prise arbitrairement pour servir de terme de comparaison. Mesurer, par exemple, le rectangle ABCD, *fig.* 98, c'est chercher combien ce rectangle contient de fois un quarré $abcd$, dans lequel on suppose que le côté ab soit égal à la droite prise pour mesure commune des longueurs des droites; et d'après ce qui précède, on aura, en concevant la base et la hauteur AB et BC, du parallélogramme $ABCD$, rapportées à cette mesure,

$$abcd : ABCD :: \overline{ab} \times \overline{bc} : \overline{AB} \times \overline{BC}, \text{ ou} :: 1 : \frac{AB}{ab} \times \frac{BC}{bc};$$

ce qui montre que *le rectangle ABCD contient le rectangle abcd, ou l'aire prise pour unité, comme le produit du nombre d'unités linéaires contenues dans sa base* AB, *multiplié par le nombre d'unités linéaires contenues dans sa hauteur* BC, *contient l'unité numérique;* expression dont l'exactitude est évidente, puisque les rapports y sont réduits à des nombres. Ce n'est que pour abréger qu'on la remplace par celle-ci : *L'aire d'un rectangle est égale au produit de sa base par sa hauteur;* et il faut toujours être en état de restituer, d'après la première, ce qu'on a sous-entendu dans la seconde.

La vérité de la proposition précédente résulte de l'inspection seule de la figure, lorsque le côté du quarré $abcd$, pris pour mesure commune, est contenu exactement dans la base et dans la hauteur du rectangle $ABCD$. En menant alors par tous les points de division de la hauteur BC, des droites ef parallèles à AB, on partage le rectangle $ABCD$ en autant de rectangles égaux, ou bandes, que sa hauteur contient de fois ab; et chacune de ces bandes peut, comme $ABef$, être partagée en autant de quarrés $Begh$, égaux à $abcd$, que la base AB contient de fois ab : le nombre total des quarrés égaux à $Begh$, contenus dans le rectangle $ABCD$, est donc égal à celui des quarrés contenus dans une bande *ABef*, multiplié par le nombre des bandes, ce qui fait le produit du nombre d'unités linéaires de la base par le nombre d'unités linéaires de la hauteur.

169. 1er *Corollaire*. Si les deux côtés du rectangle *AB* et *BC* devenaient égaux, auquel cas il se changerait en quarré, son aire serait mesurée par la seconde puissance de son côté *AB*, c'est-à-dire qu'il contiendrait le quarré *abcd*, pris pour unité, autant de fois que la seconde puissance du nombre d'unités linéaires contenues dans son côté, contiendrait l'unité numérique; et de là vient qu'on appelle aussi *quarré* d'un nombre la seconde puissance de ce nombre.

170. 2e *Corollaire*. L'aire d'un parallélogramme se mesure par le produit de sa base par sa hauteur. En effet, les parallélogrammes de même base et de même hauteur étant équivalens (161), un parallélogramme quelconque est nécessairement équivalent au rectangle de même base et de même hauteur. On conclut encore de là que deux parallélogrammes quelconques étant entre eux comme leurs mesures respectives, sont par conséquent dans le rapport des produits de leur base par leur hauteur, et simplement comme leurs bases, si leurs hauteurs sont égales, ou comme leurs hauteurs, lorsqu'ils ont même base.

171. 3e *Corollaire*. L'aire d'un triangle est mesurée par la moitié du produit de sa base par sa hauteur, puisque tout triangle est la moitié d'un rectangle de même base et de même hauteur. Les moitiés étant entre elles comme les touts, les triangles quelconques seront entre eux comme les parallélogrammes dont ils font partie, et par conséquent comme les produits de leur base par leur hauteur (n° précédent), ou comme leurs bases quand leurs hauteurs sont égales, ou comme leurs hauteurs quand ils ont même base.

PROBLÈME.

172. *Transformer en un quarré, un parallélogramme ou un triangle donné.*

Solution. 1°. On trouvera le côté FG du quarré $EFGH$ équivalent au parallélogramme donné, $ABCD$, *fig.* 99, en prenant une moyenne proportionnelle entre la base AB et la hauteur DE de ce parallélogramme.

FIG. 99.

En effet, on a par cette construction,

$$AB : FG :: FG : DE,$$

d'où l'on tire

$$\overline{AB} \times \overline{DE} = \overline{FG},$$

et comme $\overline{AB} \times \overline{DE}$ est la mesure de l'aire du parallélogramme proposé, et $\overline{FG}^2$ celle du quarré $EFGH$, construit sur FG, cette dernière figure est équivalente à l'autre.

2°. A l'égard du triangle $A'B'D'$, c'est entre la base $A'B'$ et la moitié de la hauteur $D'E'$ que doit être prise la moyenne proportionnelle FG, parce qu'on a alors

$$A'B' : FG :: FG : \tfrac{1}{2} D'E',$$

d'où il suit

$$\tfrac{1}{2}\overline{A'B'} \times \overline{D'E'} = \overline{FG}^2;$$

le premier de ces produits exprime en effet l'aire du triangle, et le second celle du quarré.

173. *Corollaire.* On peut, par le moyen du problème précédent, transformer un polygone quelconque en un quarré équivalent ; il faudra d'abord le transformer en un triangle, par le procédé du n° 164, et l'on changera ensuite ce triangle en un quarré.

174. *Remarque.* Tout polygone pouvant être partagé en triangles (81), on évaluera son aire en calculant séparément celle de chacun des triangles qui le composent, et en prenant la somme des résultats.

THÉORÈME.

175. *L'aire d'un quadrilatère* ABCD, fig. 100, *dans* FIG. 100.
*lequel deux côtés sont parallèles, et qu'on nomme
trapèze, se mesure par le produit de la demi-somme
des deux côtés parallèles,* AB et CD, *multipliée par
la hauteur* EF, *prise entre ces côtés.*

Démonstration. En tirant la diagonale CB, on partagera le trapèze en deux triangles ABC et BCD, dont EF sera la hauteur commune ; et parce que

$$ABCD = ABC + BCD, \quad ABC = \tfrac{1}{2}\overline{AB} \times \overline{EF},$$

$$BCD = \tfrac{1}{2}\overline{CD} \times \overline{EF},$$

on aura

$$ABCD = \tfrac{1}{2}\overline{AB} \times \overline{EF} + \tfrac{1}{2}\overline{CD} \times \overline{EF} = \tfrac{1}{2}(AB + CD)EF,$$

ce qui est l'énoncé du théorème.

Il est bon de remarquer que la droite GH, menée parallèlement à AB, par le milieu G de l'un des côtés non parallèles du trapèze, sera égale à $\tfrac{1}{2}(AB+CD)$. En effet, le point H étant aussi le milieu de BD (58), la similitude des triangles BCD et BHI fait voir évidemment que $IH = \tfrac{1}{2}CD$, et celle des triangles ACB et GCI, prouve de même que $GI = \tfrac{1}{2}AB$, d'où il résulte

$$GH = GI + IH = \tfrac{1}{2}(AB + CD).$$

La droite GH partageant aussi EF en deux parties égales (58), se trouve à égale distance des côtés parallèles du trapèze ; et l'on peut dire par conséquent, que *l'aire du trapèze se mesure par le produit de sa hauteur, multipliée par une ligne menée à égale distance des deux bases parallèles.*

THÉORÈME.

176. *Les aires des polygones semblables sont entre
elles comme les quarrés des côtés homologues de ces
polygones.*

Démonstration. 1°. Si les polygones proposés sont des triangles quelconques ABC et abc, *fig.* 101, les triangles rectangles BDC et bdc, formés par les hauteurs des premiers, seront semblables comme ayant, outre les angles droits D et d, les angles égaux B et b; on aura donc

$$CD : cd :: BC : bc;$$

mais par la similitude des triangles ABC et abc, on a aussi

$$AB : ab :: BC : bc;$$

multipliant ces proportions par ordre, et divisant par 2 les deux termes du premier rapport de la proportion composée, il viendra

$$\tfrac{1}{2}\,\overline{AB}\times\overline{CD} : \tfrac{1}{2}\,\overline{ab}\times\overline{cd} :: \overline{BC}^2 : \overline{bc}^2,$$

résultat dont les deux premiers termes expriment les aires respectives des triangles ABC et abc (171) : donc

$$ABC : abc :: \overline{BC}^2 : \overline{bc}^2.$$

2°. Deux polygones semblables $ABCDE$ et $abcde$, *fig.* 51, étant partagés en un même nombre de triangles semblables (89), et semblablement disposés, chaque triangle du premier polygone sera à son correspondant dans le second, comme le quarré de l'un des côtés du premier polygone est au quarré du côté homologue du second; on aura

$$ABC : abc :: \overline{AB}^2 : \overline{ab}^2,$$
$$AEC : aec :: \overline{AE}^2 : \overline{ae}^2,$$
$$EDC : edc :: \overline{ED}^2 : \overline{ed}^2.$$

Mais la similitude des polygones donne cette suite de rapports égaux :

$$AB : ab :: AE : ae :: ED : ed,$$

de laquelle on tire

$$\overline{AB}^2 : \overline{ab}^2 :: \overline{AE}^2 : \overline{ae}^2 :: \overline{ED}^2 : \overline{ed}^2,$$

ce qui prouve l'égalité des rapports de chaque triangle de l'un des polygones à son correspondant dans l'autre, et d'où il résulte

$$ABC : abc :: AEC : aec :: EDC : edc.$$

On déduira de cette dernière suite de rapports égaux,

$$ABC + AEC + EDC : abc + aec + edc :: ABC : abc$$

ou $ABCDE : abcde :: ABC : abc :: \overline{AB}^2 : \overline{ab}^2.$

Le même raisonnement aurait évidemment lieu, quel que fût le nombre des côtés des polygones proposés.

THÉORÈME.

177. *Les aires de deux triangles qui ont un angle commun, sont dans le rapport des produits des côtés qui comprennent cet angle.*

Démonstration. En abaissant les hauteurs CD et FG, *fig.* 101, des triangles ABC et AEF, on forme FIG. 101. les triangles semblables ACD et AFG, qui donnent

$$CD : FG :: AC : AF ;$$

et par le n°. 171, il vient

$$ABC : AEF :: \overline{AB} \times \overline{CD} : \overline{AE} \times \overline{FG} :$$

si l'on multiplie ces deux proportions par ordre en supprimant le facteur CD, commun aux antécédens, et le facteur FG, commun aux conséquens, il en résulte, conformément à l'énoncé, que

$$ABC : AEF :: \overline{AB} \times \overline{AC} : \overline{AE} \times \overline{AF}.$$

THÉORÈME.

178. *Le quarré* AEHL, *fig.* 102, *construit sur l'hy-* FIG. 102. *poténuse d'un triangle rectangle* ABE, *est équivalent à la somme des quarrés* ABCD *et* BEFG, *construits sur les deux autres côtés de ce triangle.*

Démonstration. On serait en droit de conclure cette

proposition de celle du n° 75, puisqu'il a été prouvé dans ce numéro que $\overline{AB}^2 + \overline{BE}^2 = \overline{AE}^2$, et que, d'après le n° 169, $\overline{AB}^2$, $\overline{BE}^2$, $\overline{AE}^2$, sont les mesures respectives des quarrés $ABCD$, $BEFG$, $AEHL$; mais ces considérations supposant les lignes et les aires rapportées à des nombres, j'ai jugé convenable de démontrer la proposition immédiatement sur les aires, ainsi qu'*Euclide* l'a fait, et sans employer des rapports de lignes.

Pour cela, il faut, de l'angle droit B du triangle ABE, abaisser, sur l'hypoténuse AE, la perpendiculaire BK et la prolonger jusqu'en I, puis mener les droites DE et BL. Le triangle DAE ayant même base AD que le quarré $ABCD$, et étant compris entre les mêmes parallèles AD et CE, sera équivalent à la moitié de ce quarré (162); de même, le triangle BAL sera équivalent à la moitié du rectangle $AKIL$, construit sur sa base AL et compris entre les mêmes parallèles AL et BI. Or, les triangles DAE et BAL sont égaux (16), parce que l'angle DAE, composé de l'angle droit DAB et de l'angle BAE, est nécessairement égal à l'angle BAL, composé aussi d'un angle droit EAL et de l'angle BAE, et que les côtés AD et AB, AL et AE, sont respectivement égaux comme côtés d'un même quarré : donc la moitié du quarré $ABCD$ est équivalente à celle du rectangle $AKIL$; donc le quarré $ABCD$ sera lui-même équivalent au rectangle $AKIL$. On prouvera de même que le quarré $BEFG$ est équivalent au rectangle $EHIK$; et il résultera de là que le quarré $AEHL$, composé des deux rectangles $AKIL$ et $EHIK$, est équivalent à la somme des quarrés $ABCD$ et $BEFG$.

179. 1ᵉʳ *Corollaire.* Les rectangles $AKIL$, $EHIK$ et le quarré $AEHL$, ayant même hauteur AL, sont entre eux comme leurs bases (170), en sorte qu'on a

$$ABCD : BEFG : AEHL :: AK : KE : AE;$$

c'est-à-dire que les quarrés construits sur les côtés de l'angle droit d'un triangle rectangle sont au quarré construit sur l'hypoténuse, comme les segmens adjacens AK et KE sont à l'hypoténuse entière AE.

180. 2ᵉ *Corollaire*. Puisque les aires des polygones semblables sont entre elles comme les quarrés des côtés homologues de ces polygones (176), si l'on construit sur les côtés de l'angle droit du triangle rectangle ABE, fig. 103, et sur son hypoténuse AE, trois polygones sem- FIG 103 blables, X, Y et Z, on aura

$$X : \overline{AB}^2 :: Y : \overline{BE}^2 :: Z : \overline{AE}^2 ;$$

d'où l'on tirera

$$X + Y : \overline{AB}^2 + \overline{BE}^2 :: Z : \overline{AE}^2 ;$$

et du théorème précédent, qui donne $\overline{AB}^2 + \overline{BE}^2 = \overline{AE}^2$, on conclura $X + Y = Z$; c'est-à-dire que le polygone construit sur l'hypoténuse, est équivalent à la somme des deux autres.

PROBLÈME.

181. *Construire un polygone semblable à un autre, et dont l'aire soit dans un rapport donné avec celle du premier, ou soit équivalente à un quarré donné.*

Solution. Dans le premier cas, si bc, *fig.* 104, désigne FIG. 104. l'un des côtés du polygone donné, et que l'aire de ce polygone soit à celle du polygone cherché, dans le rapport de deux droites quelconques M et N, on prendra sur une droite indéfinie AE, deux parties AK et KE, qui soient dans le même rapport ; sur leur somme AE, comme diamètre, on décrira une demi-circonférence ; on élevera la perpendiculaire BK ; on tirera les cordes AB et BE : enfin on portera sur AB, de B en C, le côté bc de la première figure, et ayant mené CD parallèle à AE, on aura en BD, le côté qui, dans le polygone cherché, est homologue à bc. La question sera donc ramenée à construire sur BD un polygone semblable au polygone X, ce qui s'effectuera par le procédé du n° 90.

Pour prouver la construction précédente, on déduit d'abord des triangles ABE et CBD, semblables entre eux, les proportions

$$AB : BE :: BC : BD \text{ et } \overline{AB}^2 : \overline{BE}^2 :: \overline{BC}^2 : \overline{BD}^2 ;$$

mais par le n° 179,

$$\overline{AB}^2 : \overline{BE}^2 :: AK : KE \text{ ou } :: M : N :$$

donc $\qquad\qquad \overline{BC}^2 : \overline{BD}^2 :: M : N :$

donc (176), le polygone construit sur BC sera au polygone construit sur BD, dans le rapport de M à N, comme le demande l'énoncé de la question.

Si le côté bc de la figure X excédait AB, on prolongerait cette ligne en C', mais la construction et la démonstration ne changeraient pas pour cela.

Dans le cas où l'aire du polygone demandé devrait être équivalente à un quarré donné N^2, on transformerait aussi en un quarré le polygone donné, et M^2 représentant ce quarré, il faudrait qu'on eût

$$\overline{BC}^2 : \overline{BD}^2 :: M^2 : N^2,$$

d'où il suit

$$M : N :: BC : BD ;$$

ainsi BD s'obtiendrait alors par les lignes proportionnelles (62), ou bien l'on pourrait prendre AK et KE dans le rapport des quarrés M^2 et N^2.

THÉORÈME.

182. *L'aire d'un polygone régulier a pour mesure la moitié du produit de son contour par le rayon du cercle inscrit.*

Démonstration. Ce polygone peut être partagé en autant de triangles égaux qu'il a de côtés (139); l'un de

ces triangles, *ABO, fig.* 79, est mesuré par $\frac{1}{2}\overline{AB}\times\overline{OG}$; FIG. 79.
en répétant ce produit autant de fois que le polygone a
de côtés, on aura, si N désigne ce nombre,

$$\tfrac{1}{2} N \times \overline{AB} \times \overline{OG};$$

mais $N \times \overline{AB}$ sera le contour ou le *périmètre* du polygone:
en le désignant par P, il viendra donc

$$\tfrac{1}{2} P \times \overline{OG},$$

comme le porte l'énoncé de la proposition.

Le rayon du cercle inscrit se nomme aussi *apothème*;
et l'on dit, en conséquence, que *l'aire d'un polygone régulier a pour mesure la moitié du produit de son périmètre par son apothème.*

183. *Corollaire.* Il suit du théorème précédent et du
n° 140, que les aires des polygones réguliers d'un même
nombre de côtés, étant entre elles comme les quarrés de
leurs côtés, sont aussi entre elles comme les quarrés des
rayons des cercles dans lesquels ils sont inscrits ou auxquels ils sont circonscrits. En effet, on a successivement

$$ABCDEF : abcdef :: \overline{AB}^2 : \overline{ab}^2,$$
$$AB : ab :: AO : ao\ (140),$$
$$\overline{AB}^2 : \overline{ab}^2 :: \overline{AO}^2 : \overline{ao}^2,$$

d'où il résulte

$$ABCDEF : abcdef :: \overline{AO}^2 : \overline{ao}^2.$$

On trouve de même

$$ABCDEF : abcdef :: \overline{OG}^2 : \overline{og}^2,$$

en observant que $AO : ao :: OG : og\ (140)$.

184. *Remarque.* En appliquant la proposition du numéro précédent aux polygones réguliers, inscrits et circonscrits au même cercle, on reconnaît qu'il est toujours
possible de trouver deux polygones du même nombre

de côtés, l'un inscrit, l'autre circonscrit, tels que la différence de leurs aires soit moindre qu'une grandeur donnée, quelque petite que soit cette grandeur.

FIG. 87.   En effet, on a évidemment, dans la figure 87,

$$ABCDE : abcde :: \overline{Oa}^2 : \overline{OG}^2;$$

désignant par P l'aire du polygone circonscrit, et par p celle du polygone inscrit, on aura

$$P : p :: \overline{Oa}^2 : \overline{OG}^2,$$
$$P - p : P :: \overline{Oa}^2 - \overline{OG}^2 : \overline{Oa}^2,$$

d'où
$$P - p = \frac{P\,(\overline{Oa}^2 - \overline{OG}^2)}{\overline{Oa}^2},$$

valeur dans laquelle on peut rendre le facteur $\overline{Oa}^2 - \overline{OG}^2$ aussi petit qu'on voudra, en multipliant les côtés des polygones.

185. *Corollaire*. Le polygone circonscrit étant visiblement plus grand que le cercle, tandis que le polygone inscrit est moindre, il suit de ce qui précède que l'on peut toujours assigner un polygone régulier, soit inscrit, soit circonscrit, dont l'aire diffère aussi peu qu'on voudra de celle d'un cercle donné. Il suffit pour cela de prendre le polygone d'un assez grand nombre de côtés, pour que la différence entre le polygone inscrit et le polygone circonscrit ne surpasse pas la quantité assignée.

THÉORÈME.

186. *Si trois grandeurs* A, B, X, *sont telles, que la première* A, *que l'on suppose variable, mais néanmoins surpassant toujours chacune des deux autres* B, X, *qui ne changent point, puisse approcher de toutes deux en même temps, aussi près qu'on voudra, on aura nécessairement* B = X.

Démonstration. Soit, 1°. $X > B$; on aura, d'après cette hypothèse et en vertu de l'énoncé,

$$A > X, X > B,$$

d'où il résulte que si l'on prend A de manière que la différence $A - B$ soit moindre qu'une quantité quelconque δ, ce qu'on regarde comme toujours possible, la différence $X - B$ sera, à plus forte raison, moindre que δ.

2°. Soit $X < B$, on aura alors

$$A > B, B > X;$$

et prenant A de manière que $A - X$ soit moindre que δ, à plus forte raison la différence $B - X$ sera-t-elle moindre que δ.

Le raisonnement ci-dessus conduisant à prouver que la différence des deux grandeurs invariables X et B, est nécessairement moindre que toute grandeur donnée, quelque petite que soit cette grandeur, il s'ensuit que $B = X$ (153).

THÉORÈME.

187. *L'aire d'un cercle a pour mesure la moitié du produit de la circonférence par le rayon, ou $\frac{1}{2}$ CR, en nommant* C *la circonférence, et* R *le rayon.*

Démonstration. En effet, plus le nombre des côtés du polygone circonscrit augmente, plus aussi son périmètre P approche de la circonférence (152), et plus le produit $\frac{1}{2} PR$ approche de $\frac{1}{2} CR$, qu'il surpassera toujours, mais d'aussi peu qu'on voudra; d'un autre côté, l'aire du même polygone, toujours plus grande que celle du cercle, peut approcher de cette dernière d'aussi près qu'on voudra (185) : les produits $\frac{1}{2} PR$, $\frac{1}{2} CR$, et la vraie mesure de l'aire du cercle, sont donc trois quantités placées dans les mêmes circonstances que les quantités A, B et X du numéro précédent : donc le produit $\frac{1}{2} CR$ est égal à la vraie mesure de l'aire du cercle (*).

188. *Corollaire*. Il suit de là que les aires des cercles sont entre elles comme les quarrés de leurs rayons ou de leurs diamètres. En effet, puisque l'on a cette proportion :

$$C : C' :: R : R' \ (154),$$

si on la multiplie par la proportion

$$\tfrac{1}{2} R : \tfrac{1}{2} R' :: R : R',$$

qui est évidente, il viendra

$$\tfrac{1}{2} CR : \tfrac{1}{2} C'R' :: R^2 : R'^2,$$

proportion dans laquelle les deux termes du premier rapport sont, d'après ce qui précède, les mesures des aires des cercles dont les rayons sont R et R'; de plus, il est visible qu'on a

$$R^2 : R'^2 :: D^2 : D'^2,$$

en désignant par D et D' les diamètres, puisque $D = 2R$; $D' = 2R'$: donc $\tfrac{1}{2} CR : \tfrac{1}{2} C'R' :: D^2 : D'^2$, ce qui complète l'énoncé de la proposition.

Si on représente par π la circonférence dont le diamètre est 1, la surface de ce cercle sera $\tfrac{1}{4} \times \pi = \tfrac{1}{4} \pi$; on aura donc

$$\tfrac{1}{4} \pi : \tfrac{1}{2} C'R' :: 1 : D'^2, \text{ d'où } \tfrac{1}{2} C'R' = \tfrac{1}{4} \pi D'^2,$$

(*) On prouve immédiatement que la mesure de l'aire du cercle ne peut être ni plus grande ni plus petite que $\tfrac{1}{2} CR$; car si le premier cas avait lieu, $\tfrac{1}{2} CR$ serait alors la mesure d'un cercle plus petit que celui dont le rayon $= R$, tandis qu'en inscrivant dans ce dernier un polygone plus grand que l'autre cercle (*voyez* la note page 100), ce polygone aurait néanmoins pour mesure un produit moindre que $\tfrac{1}{2} CR$, puisque son contour et son apothème sont respectivement moindres que C et R.

On ne peut pas supposer non plus que le produit $\tfrac{1}{2} CR$ soit la mesure d'un cercle plus grand que le proposé; car en inscrivant dans le plus grand cercle un polygone qui surpasse le cercle proposé, ce polygone aurait une mesure plus grande que celle qu'on assigne au cercle dans lequel il est inscrit.

ce qui montre que l'aire d'un cercle est égale au quarré du diamètre multiplié par le $\frac{1}{4}$ du rapport de la circonférence au diamètre. En mettant pour D'^2 sa valeur $4R'^2$, on aura $\pi R'^2$, ou le *quarré du rayon multiplié par le rapport de la circonférence au diamètre.*

THÉORÈME.

189. *L'aire de la figure* AFBO, fig. 105, *terminée* FIG. 105. *par les deux rayons* AO, BO, *faisant entre eux un angle quelconque, et par l'arc de cercle* AFB, *figure que l'on nomme secteur de cercle, a pour mesure la moitié du produit de l'arc* AFB, *par le rayon* AO.

Démonstration. Si par le centre O, on élève DO perpendiculaire sur le diamètre AE, les côtés de l'angle droit AOD et l'arc ABD comprendront évidemment entre eux le quart de l'aire du cercle ; et le raisonnement du n° 109 prouve que l'aire du secteur $AFBO$ est à celle du secteur AOD, dans le rapport de l'arc AFB à l'arc AD. Mais puisque l'aire du secteur AOD est le quart de celle du cercle, on aura

$$AOD = \tfrac{1}{4} \times \tfrac{1}{2} C \times \overline{AO} = \tfrac{1}{8} C \times \overline{AO},$$

et la proportion énoncée ci-dessus,

$$AFBO : AOD :: AFB : AD \text{ ou } \tfrac{1}{4} C,$$

deviendra

$$AFBO : \tfrac{1}{8} C \times \overline{AO} :: AFB : \tfrac{1}{4} C ;$$

ce qui donnera

$$AFBO = \tfrac{1}{2} \overline{AFB} \times \overline{AO},$$

comme le porte l'énoncé de la proposition.

190. *Remarque.* On obtiendra l'espace $AFBA$, compris entre l'arc AFB et la corde AB, en retranchant de l'aire du secteur $AFBO$ celle du triangle ABO.

Géométrie. 11e édition. 9

Cette dernière sera exprimée par $\frac{1}{2} \overline{BG} \times \overline{AO}$, si *BG* est perpendiculaire sur *AO* (171); et en retranchant sa valeur de celle du secteur *AFBO* (189), on aura

$$AFBA = \frac{1}{2} \overline{AFB} \times \overline{AO} - \frac{1}{2} \overline{BG} \times \overline{AO}$$
$$= \frac{1}{2} \, (AFB - BG) \, AO \, ;$$

c'est-à-dire *la moitié du produit de la différence entre l'arc* AFB *et la perpendiculaire* BG, *par le rayon* AO (*).

N. B. L'espace *AFBA* se nomme le *segment*, et la portion *FH* du rayon *OF* perpendiculaire sur la corde *AB*, est la *flèche*.

(*) La perpendiculaire *BG* est employée dans la *Trigonométrie*. C'est le sinus de l'arc *AFB*.

DEUXIÈME PARTIE.

SECTION PREMIÈRE.

Des plans, et des corps terminés par des surfaces planes.

N. B. Dans tout ce qui va suivre, les figures embrassent l'espace avec ses trois dimensions. Les lignes ponctuées sont celles qui passent derrière des plans.

DES PLANS ET DES LIGNES DROITES.

191. PUISQUE la ligne droite s'applique exactement au plan dans tous les sens (2), il est évident que dès qu'une ligne droite a deux de ses points dans un plan, elle y est toute entière, sans quoi on pourrait mener par deux points plusieurs lignes droites, l'une qui serait tirée dans le plan même, par les deux points donnés, et les autres qui auraient des prolongemens hors du plan, ce qui ne saurait s'accorder avec l'idée qu'on a de la ligne droite.

192. L'intersection de deux plans est une ligne droite; elle est premièrement une ligne d'après les définitions du n° 1 ; et si l'on conçoit que par deux points de cette intersection, on tire une droite, elle sera en même temps dans l'un et dans l'autre plan (n° précéd.): elle ne pourra donc être que leur intersection.

193. Par une même ligne droite *AB*, *fig.* 106, on FIG. 106. peut faire passer une infinité de plans différens, *CD*, *EF*, *GH*, etc. Pour s'en convaincre, il suffit d'observer

qu'un plan peut toujours tourner autour d'une droite
tirée par deux de ses points, et prendre ainsi un nombre
infini de positions différentes , sans que les points de la
droite changent de place ; mais on conçoit que ce plan
s'arrêtera , si on fixe hors de cette ligne un point par
lequel il doive passer. Il résulte de là qu'un plan est
donné lorsqu'on connaît trois points par lesquels il
doit passer ; comme une ligne droite l'est par deux.

On peut aussi le prouver en montrant que deux plans
FIG. 107. qui ont trois points communs, A, B, C, *fig.* 107, se confondent dans toute leur étendue ; et pour cela, il suffit d'observer que si par un point quelconque E, pris sur un de
ces plans, on mène une droite EF, rencontrant deux
des trois lignes AB, AC et BC, qui joignent deux à deux
les points communs, et qui par cette raison sont à la
fois sur les deux plans (191), cette droite sera aussi commune aux mêmes plans, puisqu'elle y aura les deux
points e et f, où elle coupe AB et BC.

194. Deux lignes qui se coupent, sont par conséquent
dans un même plan ; car en faisant passer un plan par
l'une d'elles, AB, par exemple, et par un point C, pris
sur BC, cette dernière ayant deux de ses points, B et C,
dans le plan, y sera toute entière (191).

Il est évident par là qu'en joignant deux à deux, par
des droites, trois points pris d'une manière quelconque
dans l'espace, le triangle résultant, ABC, sera tout entier dans un même plan.

Il n'en est pas ainsi de quatre points pris au hasard :
le plan qui passe par trois d'entre eux, ne passe pas toujours par le quatrième ; et dans ce cas, le quadrilatère
qui en résulte n'étant pas dans un plan, se nomme *quadrilatère gauche*.

195. Les parallèles sont toujours dans un même plan
d'après leur définition ; mais il faut bien observer que
dans l'espace, deux lignes droites peuvent être perpendiculaires à une troisième, sans être parallèles et sans

se rencontrer; car on peut alors mener par un seul point autant de perpendiculaires à une même droite, que l'on peut faire passer de plans par cette droite, c'est-à-dire une infinité. Les droites AC, AE, AG, *fig.* 106, FIG. 106. peuvent toutes être perpendiculaires sur AB, la première dans le plan CD, la seconde dans le plan EF, la troisième dans le plan GH. S'il en arrive autant aux lignes BD, BF et BH, BD et AC seront parallèles, comme étant perpendiculaires à la même droite AB dans le plan CD; mais ces droites ne seront parallèles à aucune des autres.

THÉORÈME.

196. *Une droite* CD, fig. 108, *élevée hors d'un* FIG. 108. *plan* AB, *perpendiculairement à deux autres*, DE, DF, *menées par son pied* D *dans ce plan, est perpendiculaire à toutes celles qu'on pourrait mener par ce point dans le même plan.*

Démonstration. Soit DG une droite menée par le point D, d'une manière quelconque, dans le plan AB; il faut tirer une droite EF qui coupe DG, prolonger, au-dessous du plan AB, la droite CD d'une quantité $C'D = CD$, tirer enfin les droites CE, CG, CF, $C'E$, $C'G$ et $C'F$. Cela fait, puisque CD est perpendiculaire sur DE et sur DF, celles-ci le seront sur CC' (13); les obliques CE et $C'E$, CF et $C'F$, seront égales comme s'écartant également du pied de la perpendiculaire (27); et de plus le côté EF étant commun aux triangles CEG et $C'EG$, ils auront tous leurs côtés égaux, chacun à chacun, et seront par conséquent égaux (29); leurs angles CEF et $C'EF$ seront donc égaux. Il en sera de même des triangles CEG et $C'EG$, dans lesquels ces angles sont compris entre un côté commun EG et deux côtés égaux CE et $C'E$ (16). Il suit de là que les côtés CG et $C'G$ sont égaux; et comme ils s'écartent également du point D, il en résulte que la droite DG est perpendiculaire sur CD (27) et réciproquement CD sur DG (*).

197. *Remarque.* La ligne CD tombant à angle droit sur toutes celles que l'on peut mener par son pied dans ce plan, et n'inclinant par conséquent d'aucun côté vers le plan, lui est *perpendiculaire*.

THÉORÈME.

FIG. 109.   198. *Si trois droites*, ED, FD, GD, fig. 109, *sont perpendiculaires à une même droite* CD, *par un même point* D, *elles sont toutes les trois dans un même plan perpendiculaire à cette dernière.*

Démonstration. Si cela n'était pas, on pourrait, par les deux droites ED et FD, mener un plan AB auquel CD serait perpendiculaire, et qui couperait le plan GDC mené par GD et CD, dans une droite $G'D$ qui serait aussi perpendiculaire sur CD (196); on aurait donc alors, sur la même droite CD, par le même point D, et dans le même plan, deux perpendiculaires GD et $G'D$, ce qui est impossible (32).

THÉORÈME.

199. *Par un point pris, soit hors d'un plan, soit sur ce plan, on ne peut mener qu'une seule perpendiculaire à ce plan; et par le même point d'une droite, il ne peut passer qu'un seul plan perpendiculaire à cette droite.*

Démonstration. Le premier cas de la proposition est presque évident par lui-même; car si par le point C, FIG. 108. *fig.* 108, on pouvait abaisser sur le plan AB une autre perpendiculaire que CD, CG par exemple, cette droite serait aussi perpendiculaire sur GD, et le triangle

---

(*) Cette démonstration, du même genre que celle d'Euclide, mais plus simple, m'a été communiquée par M. Cauchy, jeune géomètre très-distingué.

CGD aurait deux angles droits, conséquence absurde (52).

Dans le deuxième cas, si par la seconde perpendiculaire *C'D*, *fig.* 109, et par la première *CD*, on faisait FIG. 109. passer un plan, il faudrait que les deux droites *CD* et *C'D* fussent en même temps perpendiculaires à la droite *DE*, dans laquelle il rencontrerait le plan *AB*, conséquence encore absurde. L'énoncé de la proposition est donc vrai dans ses deux premières parties.

A l'égard de la troisième, si par le point *D*, on pouvait mener, perpendiculairement à *CD* un autre plan que *AB*, qu'on tirât par ce point, dans le premier une droite quelconque *GD*, alors le plan *GDC* mené par cette droite et par la perpendiculaire *CD* rencontrant le plan *AB* dans une droite *G'D* différente de *GD*, il s'ensuivrait que deux droites *G'D* et *GD*, comprises dans le même plan que *CD*, seraient perpendiculaires au même point de cette droite, ce qui est absurde (32).

THÉORÈME.

200. *Les obliques qui s'écartent également de la perpendiculaire à un plan, sont égales ; celles qui s'en écartent le plus sont les plus longues, et la perpendiculaire est la plus courte de toutes les droites que l'on peut mener d'un point donné à un plan.*

Démonstration. La perpendiculaire étant *CD*, *fig.* 110, FIG. 110. 1°. tous les points situés sur la circonférence du cercle *EF*, décrit du point *D* comme centre, sont également éloignés du point *C*, puisque les angles en *D* étant droits, les triangles *CDE* et *CDF* seront égaux comme ayant le côté *CD* commun et les côtés *DE*, *DF*, égaux ; donc *CE* = *CF*.

2°. Si l'on joint le point *G*, extérieur au cercle, avec le centre *D*, la droite *GC*, située dans le même plan que les droites *CF* et *CD*, sera plus longue que *CF*(27).

3°. La ligne *CD*, évidemment plus courte que *CF*,

sera nécessairement plus courte que toutes celles que l'on peut mener du point C sur le plan AB.

201. *Remarques.* Chaque point de la droite CD, étant également éloigné de tous ceux de la circonférence EF, peut être employé à la description de cette circonférence, comme le centre D.

C'est par ce moyen qu'on abaisserait une perpendiculaire sur un plan, par un point extérieur : on décrirait d'abord du point C, sur le plan AB, un cercle dont on chercherait le centre D; en le joignant avec le point C, on aurait la droite CD perpendiculaire sur le plan AB.

La perpendiculaire CD, étant la plus courte ligne que l'on puisse mener du point C sur le plan AB, offre la mesure naturelle de la distance du point C à ce plan.

THÉORÈME.

202. *Si d'un point* C *de la droite* CG, *oblique au plan* AB, *fig.* 111, *on abaisse sur ce plan la perpendiculaire* CD, *et que l'on joigne les points* G *et* D, *par une droite, la droite* EF, *menée dans le plan* AB, *perpendiculairement à* GD, *sera aussi perpendiculaire sur* CG.

FIG. 111.

Démonstration. Ayant pris $GE = GF$, et tiré les droites ED, FD, dans le plan AB, on aura $ED = FD$ (27). Menant ensuite les obliques CE et CF, elles seront égales, puisqu'elles s'écarteront également de la perpendiculaire (200); mais en les considérant par rapport à CG, dans le plan ECF, elles s'écarteront également du pied G de la droite CG, qui sera par conséquent perpendiculaire sur EF (30).

THÉORÈME.

FIG. 112.

203. *Une droite* DE, *fig.* 112, *située hors d'un plan* AB, *mais parallèle à une ligne quelconque* AC *menée dans ce plan, ne le rencontre point, quelque*

prolongée qu'on la suppose, et est en même temps parallèle à toute droite BF menée dans le plan AB parallèlement à AC.

Démonstration. 1°. La droite DE se trouvant avec la droite AC dans un même plan AD, ne pourrait rencontrer le plan AB, que dans son intersection avec le précédent, c'est-à-dire sur AC; mais par l'hypothèse, DE ne pouvant rencontrer AC, ne rencontrera pas non plus le plan AB.

2°. Si par la droite DE et par l'un des points B de la droite BF, supposée parallèle à AC, dans le plan AB, on mène le plan Df, la droite Bf sera nécessairement parallèle à DE, puisqu'il vient d'etre prouvé que DE ne saurait rencontrer le plan AB dans lequel Bf est aussi contenue; et d'après ce qui précède, la ligne AC, parallèle à DE, ne pouvant pas non plus rencontrer le plan Df qui contient cette dernière, ne saurait par conséquent rencontrer la droite Bf qui s'y trouve aussi. Les droites AC et Bf contenues dans le même plan AB, ne se rencontrant point, seront donc parallèles; et comme on ne peut mener par le point B qu'une seule parallèle à AC (40), il s'ensuit que Bf se confond avec BF, ou que DE est parallèle à BF, deuxième partie de la proposition.

204. *Corollaire.* Il est évident par là que deux droites DE et BF, parallèles à une troisième AC, sont parallèles entre elles; car en imaginant un plan AB, qui passe par la droite BF et la droite AC, la droite DE remplira les conditions de l'énoncé du théorème ci-dessus.

THÉORÈME.

205. *Les angles* BCD *et* EAF, *qui ont les côtés parallèles et l'ouverture tournée dans le même sens, sont égaux, quoique situés dans des plans différens.*

Démonstration. Si par les côtés parallèles CD et AE, CB et AF, on fait passer deux plans AD et AB, qu'on prenne $CD = AE$, $CB = AF$, et qu'on mène DE, BF, DB, EF, les figures $ACDE$, $ACBF$, seront des parallélogrammes (79); les côtés ED et BF seront par conséquent égaux à AC, parallèles entre eux (n° précédent), et formeront un parallélogramme dans lequel on aura $DB = EF$. Les triangles DCB et AEF, ayant donc leurs côtés égaux chacun à chacun, seront égaux et donneront $BCD = EAF$.

THÉORÈME.

206. Si dans chacun des plans AB *et* AD, *on mène, par un point quelconque* H *de leur commune section* AC, *des droites* IH *et* HG, *respectivement perpendiculaires à cette commune section, et que l'angle* IHG *qu'elles forment entre elles soit égal à l'angle* ihg *que forment les droites* ih *et* hg, *menées de la même manière dans les plans* ab *et* ad, *par rapport à la commune section* ac *de ceux-ci, on pourra faire coïncider les deux premiers plans avec les deux derniers.*

Démonstration. Si l'on applique le plan *ab* sur AB, de manière que *ac* tombe sur AC, et que le point *h* soit sur le point H, la droite *hg* coïncidera nécessairement avec HG, puisque les angles *ahg* et AHG sont tous deux droits. De plus, les droites IH et HG, perpendiculaires à AH, déterminent un plan GHI perpendiculaire à cette droite (198); les droites *ih* et *gh* en déterminent pareillement un autre *ghi*, perpendiculaire à *ah*. Mais lorsque *ah* est confondue avec AH, les plans GHI et *ghi* doivent se confondre aussi, sans quoi il serait possible de mener par le même point H deux plans perpendiculaires à la même droite (199); et comme les angles GHI et *ghi* sont égaux par l'hypothèse, il s'ensuit que *hg* coïncidant avec HG, *ih* doit aussi coïncider avec IH; d'où il est évident que les plans *ad* et AD coïncident aussi, puisque les deux droites *ah* et *ih*, placées dans le premier, se confondent avec les deux droites AH et IH, placées dans le second (194).

207. *1er Corollaire.* Il suit de là que l'espace compris entre deux plans *AB* et *AD*, qui se coupent, considéré entre ces limites, peut, quoiqu'indéfini dans les autres sens, être comparé à tout autre espace terminé de la même manière. Cet espace, qui est à l'égard des plans ce que l'angle est à l'égard des droites (7), constitue *l'angle de ces plans*, et en mesure *l'inclinaison*.

Je le nommerai désormais angle dièdre, c'est-à-dire *angle à deux faces*, et je le désignerai par quatre lettres dont les deux du milieu marqueront la commune section des plans, ou *l'arête* de l'angle dièdre (*). L'angle formé par les plans *AB* et *AE*, *fig.* 113, qui se rencontrent suivant la ligne *AG*, sera l'angle dièdre *BGAE* ou *DHGC*.

FIG. 113.

Il suit encore du n° précédent, que l'angle *CHD*, formé par les droites *HD* et *HC*, menées perpendiculairement à la commune section *AG*, des plans *AB* et *AE*, est la mesure naturelle de l'angle dièdre qu'ils comprennent entre eux; car il est visible que si l'on fait tourner le plan *AC* autour de la droite *AG*, commune section des deux plans proposés, ou arête de l'angle dièdre, la droite *HC*, qui coïncidera avec *HD*, lorsque le plan *AC* sera couché sur *AB*, décrira dans ce mouvement un plan perpendiculaire à *AG* (198), et viendra se placer en *HF*, dans le prolongement de *HD*, lorsque le plan *AC* se trouvera dans celui de *AB*; en sorte que l'angle *CHD* commence, augmente et finit avec celui des plans. De plus, si l'on compare l'angle de deux plans *ab* et *ae*, avec celui de deux autres plans *AB* et *AE*, on trouvera que le rapport de ces angles dièdres est le même que le rapport des angles *chd* et

---

(*) On le nomme ordinairement *angle plan* ; mais cette expression est très vicieuse, car elle n'offre que l'idée d'un angle contenu dans un plan, et par conséquent celle de l'angle formé par deux droites. Le mot *dièdre* est composé de deux mots grecs, dont le premier signifie *deux*, et le second *face* ou *base*.

CHD. En effet, lorsque ces angles sont commensurables entre eux, qu'on les divise en parties qui soient aliquotes de l'un et de l'autre, par des droites hd', HD', HD'', et que l'on mène, par la commune section ag et par hd', le plan ad', par la commune section AG et par HD', HD'', les plans AD', AD'', on formera d'une part les angles dièdres $dhgd'$, $d'hgc$, et de l'autre les angles dièdres $DHGD'$, $D'HGD''$, $D''HGC$, qui seront tous égaux (206); et l'angle dièdre $dhgc$ sera à l'angle dièdre $DHGC$ comme le nombre des parties contenues dans l'angle chd est au nombre des parties contenues dans l'angle CHD.

Si les angles chd et CHD n'étaient pas commensurables entre eux, un raisonnement absolument semblable à celui du n° 109, prouverait que leur rapport ne saurait être ni plus petit ni plus grand que le rapport des angles dièdres $bgac$ et $BGAC$. Il résulte donc de là que *l'angle dièdre a pour mesure l'angle plan formé par deux droites menées dans chacune de ses faces, perpendiculairement à leur commune section et par un même point de cette droite.*

Il est évident que les angles dièdres jouissent des mêmes propriétés que les angles plans qui les mesurent; les angles dièdres $LGHI$ et $BGHC$, par exemple, opposés par l'arête GH, sont égaux, puisqu'ils ont pour mesures les angles plans IHF et CHD, opposés par le sommet.

208. 2ᵉ *Corollaire.* Un plan CD mené par la ligne FG perpendiculaire au plan AB, *fig.* 114, ne penche d'aucun côté de ce dernier, auquel il est par conséquent *perpendiculaire*; car si on mène dans le plan AB, perpendiculairement à CE, la droite FK, et qu'on la prolonge en K', les angles GFK et GFK', étant droits (196), il résulte du numéro précédent que les angles dièdres $BECD$ et $ACED$, formés par le plan CD, sur les deux parties AE et CB du plan AB, sont égaux comme droits.

FIG.114

Il est visible que par la droite CE, prise dans le plan AB, on ne peut élever perpendiculairement sur ce plan que le seul plan CD.

THÉORÈME.

209. *Si par un point quelconque de la commune section CE des deux plans AB, CD, qui se rencontrent à angle droit, on élève, perpendiculairement au premier, une droite FG, cette droite sera comprise dans le second.*

Démonstration. En effet si elle n'y était pas, on pourrait encore par cette ligne et par la ligne CE mener un second plan perpendiculaire à AB, ce qui est absurde (n°. précéd.).

La droite FG est d'ailleurs perpendiculaire sur la commune section (196).

210. *Corollaire.* Il suit de là que l'intersection GH, fig. 115, de deux plans CD et EF, perpendiculaires FIG. 115. à un troisième AB, est perpendiculaire à ce dernier; car la perpendiculaire élevée par le point G du plan AB, devant, par le n°. précédent, se trouver en même temps dans le plan CD et dans le plan EF, ne peut être que leur commune section GH.

THÉORÈME.

211. *La droite FG, fig. 114, menée perpendicu-* FIG. 114. *lairement à CE dans le plan CD, qui rencontre AB à angle droit, est perpendiculaire à ce dernier.*

Démonstration. Si, par le point F, on mène dans le plan AB, la droite FK perpendiculaire à CE, l'angle GFK sera nécessairement droit, puisque le plan CD est, par l'hypothèse, perpendiculaire sur AB (208). La ligne GF se trouvant donc en même temps perpendiculaire aux deux droites CE et FK, menées dans le plan AB, sera aussi perpendiculaire à ce plan (196).

THÉORÈME.

212. *Deux droites* FG *et* HI, *perpendiculaires à un même plan, sont parallèles entre elles; et réciproquement, si la droite* FG *est perpendiculaire au plan* AB, *et que* HI *soit parallèle à* FG, HI *sera aussi perpendiculaire au plan* AB.

Démonstration. Si on joint les points F et H par la droite CE, et que l'on mène par cette ligne et par la ligne FG, le plan CD, qui sera perpendiculaire à AB, il comprendra la droite HI, puisqu'elle est aussi perpendiculaire à AB (209); et cette dernière se trouvant alors dans le même plan que FG et perpendiculaire à la même droite CE, sera parallèle à FG (39).

Réciproquement, si les lignes FG et HI sont parallèles, le plan CD qui les contiendra sera perpendiculaire sur AB, lorsque l'une d'elles, FG par exemple, sera perpendiculaire sur ce dernier; et comme en vertu du parallélisme l'autre droite HI se trouvera perpendiculaire sur CE aussi bien que FG, elle sera perpendiculaire au plan AB, d'après le n° précédent.

THÉORÈME.

213. *Deux plans perpendiculaires à une même droite* GH, fig. 116, *ne sauraient se rencontrer.*

FIG. 116.

Démonstration. S'ils se rencontraient en effet, et que l'on joignît l'un des points de leur commune section, qu'on suppose être EF, avec les points G et H, où la perpendiculaire GH les rencontre, les droites HF et GF, qui, partant d'un même point, formeraient un triangle avec GH, seraient nécessairement dans le même plan avec cette dernière, et comme elles devraient la rencontrer à angles droits (196), il s'ensuivrait que d'un même point on pourrait abaisser dans le même plan deux perpendiculaires sur une droite, ce qui est absurde (32).

214. Deux plans perpendiculaires à une même droite, ne se rencontrant point, sont *parallèles* entre eux.

THÉORÈME.

215. *Lorsque deux plans parallèles* AB *et* CD, fig. 117, *sont coupés par un troisième* FH, *les inter-* FIG. 117. *sections* EF *et* GH, *sont parallèles entre elles.*

Démonstration. Il est visible que les droites EF et GH, comprises dans le même plan FH, ne peuvent se rencontrer, quelque loin qu'on les prolonge, sans que les plans AB et CD, qui les contiennent respectivement, ne se rencontrent aussi, ce qui ne saurait arriver puisqu'ils sont parallèles.

216. *Corollaire.* Il suit de la, 1 . ue deux plans parallèles ont leurs perpendiculaires communes ;

2°. Que ces perpendiculaires sont égales, d'où il résulte que la distance des plans parallèles est la même dans tous leurs points.

En effet, si on élève sur le plan AB, *fig.* 118, la FIG. 118. perpendiculaire GH, et qu'on tire par son pied les droites GL et GI, les plans LGH et IGH couperont les plans AB et CD, suivant des droites HM et HK, parallèles aux droites GL et GI, et par conséquent perpendiculaires comme ces dernières à GH ; donc (196) GH est perpendiculaire au plan CD en même temps qu'au plan AB.

En second lieu, si on élève encore sur le plan AB la perpendiculaire RS, et que l'on conçoive le plan GRS, la figure $GHSR$ sera un parallélogramme rectangle (215), et donnera par conséquent $GH{=}RS$.

THÉORÈME.

217. *Si deux droites qui se coupent sont parallèles à deux autres droites qui se coupent, le plan déterminé par les deux premières sera parallèle à celui que déterminent les deux autres.*

Démonstration. En effet, si les droites HM et HK sont parallèles aux droites AP et AN, et que l'on abaisse du point H, perpendiculairement au plan AB, la droite GH, elle sera perpendiculaire sur chacune des droites GL et GI, menées dans ce plan parallèlement aux droites AP et AN, et qui seront parallèles aux droites HM et HK (204); la ligne GH sera donc aussi perpendiculaire sur ces dernières, et par conséquent sur le plan CD qu'elles déterminent (196) : les plans AB et CD étant alors perpendiculaires à la même droite GH, seront donc parallèles (214).

218. *Corollaire.* Il suit de là que par deux droites HQ
FIG. 119 et GI, *fig.* 119, qui, ne se coupant point et n'étant point parallèles, ne sauraient être comprises dans un même plan, on peut toujours faire passer deux plans parallèles, dont la plus courte distance donne celle des deux droites proposées.

En effet, si l'on mène par un point quelconque T de la droite HQ, une ligne TD parallèle à GI, et par un point quelconque R de la droite GI, une ligne RO parallèle à HQ, les droites HQ et TD, respectivement parallèles aux droites RO et GI, détermineront un plan parallèle à celui qui passera par ces dernières.

Il est visible que les droites HQ et GI ne peuvent s'approcher de plus près que ces plans.

219. *Remarque.* Si par un point quelconque R de la droite GI, on mène une perpendiculaire RS sur le plan CD, le plan GS, passant par SR et par GI, sera en même temps perpendiculaire sur CD et sur AB (216), et rencontrera le premier, suivant une droite HK parallèle à GI (215), et qui coupera la droite HQ au point H, où celle-ci s'approche le plus de GI; car si du point H on abaisse sur GI la perpendiculaire HG, elle sera perpendiculaire au plan AB (217) et par conséquent aussi au plan CD (216) : elle mesurera donc la plus courte distance des plans et des droites.

Il faut bien observer qu'elle est perpendiculaire en même temps aux deux droites proposées HQ et GI (196).

THÉORÈME.

220. *Deux droites GH et IK, comprises entre deux plans parallèles AB et EF*, fig. 120, *sont toujours* FIG. 120. *coupées en parties proportionnelles, par un troisième plan CD parallèle aux deux premiers.*

Démonstration. Pour le prouver, on joindra d'abord le point H et le point I par une droite HI, puis on tirera dans le plan CD, par les points L, M, N, où les droites GH, HI, IK, le rencontrent, les droites LM et MN, que l'on pourra considérer comme les intersections du plan CD avec les plans triangulaires GHI, HIK, et qui seront par conséquent parallèles aux droites GI et HK, dans lesquelles GHI rencontre AB, et HIK rencontre EF (215). Le triangle GHI ayant donc ses côtés GH et HI coupés par la ligne LM parallèle à GI, donnera

$$HL : LG :: HM : MI, \quad HL : HG :: HM : HI;$$

MN étant parallèle à HK, le triangle HIK donnera

$$HM : MI :: KN : NI, \quad HM : HI :: KN : KI,$$

d'où l'on conclura, conformément à l'énoncé,

$$HL : LG :: KN : NI, \quad HL : HG :: KN : KI.$$

221. Lorsque plusieurs plans ASB, BSC, CSD, DSE, ESF, FSG, GSA, *fig.* 121, qui passent par le même FIG. 121. point S, se rencontrent deux à deux, l'espace qu'ils comprennent entre eux, indéfini dans le sens opposé au point S, se nomme ordinairement *angle solide*; mais je crois devoir l'appeler *angle polyèdre* ou angle à plusieurs faces, par la raison que j'ai déjà donné le nom d'*angle dièdre*, ou angle à deux faces, à celui que deux plans forment entre eux (*). Cette nomenclature

(*) On verra plus bas des raisons assez fortes pour bannir de la Géométrie le mot *solide*, dont la signification la plus connue dans notre langue, répond à une idée très différente de celle qu'on y attache en Géométrie.

Géométrie. 11ᵉ édition. 10

offre d'ailleurs l'avantage de distinguer les angles de ce genre, par le nombre de leurs faces. L'angle à trois faces FIG. 122. $SABC$, *fig.* 122, sera nommé *angle trièdre;* un angle qui aurait quatre faces serait un *angle tétraèdre :* l'angle FIG. 121 $SABCDEFG$ de la fig. 121 est un *angle eptaèdre.*

Le point S où se rencontrent toutes les faces de l'angle en est le *sommet;* leurs intersections successives SA, SB, SC, SD, SE, etc. sont les *arêtes* de l'angle. Ce qui constitue l'angle polyèdre $SABCDEFG$, et le distingue de tout autre angle composé du même nombre de faces, ce sont les angles plans ASB, BSC, CSD, etc. formés par ses arêtes consécutives, et les inclinaisons respectives de ces faces, ou les angles dièdres qu'elles forment entre elles.

Il y a donc dans l'angle trièdre six choses à considérer, savoir : trois angles plans et trois angles dièdres.

THÉORÈME.

222. *La somme de deux quelconques des angles plans qui composent un angle trièdre est toujours plus grande que le troisième.*

Démonstration. Si les angles plans ASB, ASC, BSC, FIG. 122. *fig.* 122, étaient égaux entre eux, la proposition serait évidente par elle-même. Dans le cas contraire, soit ASB, le plus grand des trois ; on y mènera la droite SD de manière que l'angle ASD soit égal à ASC ; on prendra $SD = SC$, et on tirera les droites ADB, AC, BC. Les deux triangles ASC et ASD seront égaux, puisque les angles ASC et ASD, égaux par construction, se trouveront compris entre des côtés respectivement égaux ; on aura donc $AC = AD$; mais $AC + BC > AB$ (15), ou $AC + BC > AD + BD$: retranchant de part et d'autre les lignes égales AC et AD, il en résultera $BC > BD$. Or les triangles BSC et BSD ayant les côtés SC et SD égaux entre eux et le côté SB commun, l'angle BSC, opposé au côté BC plus grand que BD, surpassera

nécessairement l'angle BSD opposé à ce dernier (19) ;
d'où il est évident que $ASC + BSC = ASD + BSC$
surpasse $ASD + BSD$ ou ASB.

THÉORÈME.

223. *Si deux angles trièdres* SABC, S′A′B′C′,
fig. 123, *sont formés de trois angles plans égaux* FIG. 123.
*chacun à chacun, les angles dièdres compris entre les
angles plans égaux seront égaux ; c'est-à-dire, que
les faces semblables seront également inclinées entre
elles dans chacun des angles trièdres proposés.*

Démonstration. Soit $ASB = A'S'B'$, $ASC = A'S'C'$,
$BSC = B'S'C'$; si, sur les arêtes BS et $B'S'$ par lesquelles
se joignent des angles plans égaux, on prend $BS = B'S'$,
et que par les points B et B', on conçoive des plans ABC,
$A'B'C'$, perpendiculaires à ces arêtes, les triangles BSC,
ASB, étant rectangles en B, comme les triangles $B'S'C'$,
$A'S'B'$, le sont en B', seront égaux à ces derniers, à cause
de l'égalité des côtés BS et $B'S'$, et de celle des angles
BSC et $B'S'C'$, ASB et $A'S'B'$ (18) : on aura donc

$$SC = S'C', \quad SA = S'A', \quad BC = B'C', \quad AB = A'B'.$$

Mais comme $ASC = A'S'C'$, les triangles ASC et $A'S'C'$
seront égaux (16), et donneront par conséquent $AC = A'C'$.
Enfin les trois côtés des triangles ABC et $A'B'C'$ étant
égaux, les angles ABC et $A'B'C'$, qui mesurent les
angles dièdres formés par les plans BSC et ASB, $B'S'C'$
et $A'S'B'$ (206), seront égaux comme le porte l'énoncé
de la proposition.

La construction ci-dessus, supposant que le plan ABC
rencontre en même temps les arêtes SA et SC, ne peut
avoir lieu lorsque les angles ASB et BSC ne sont pas tous
deux aigus ; mais si un seul, ou tous les deux étaient obtus, on prolongerait au-delà du point S, soit l'une des
arêtes SA, SB, soit toutes les deux. Ces prolongemens
donneraient un nouvel angle trièdre, dans lequel l'angle
dièdre formé sur l'arête SB, serait ou le supplément de

10.,

$CSBA$, ou la continuation de cet angle (207). La même construction opérerait un changement analogue sur l'angle trièdre $S'A'B'C'$.

Quand les deux arêtes SA et SC sont perpendiculaires à SB, elles sont parallèles au plan ABC; mais alors leur angle ASC mesure l'inclinaison des plans SBA et SBC; il en est de même dans le second angle trièdre, et la proposition est évidente par elle-même.

Si un seul des angles ASB, BSC est droit, le premier, par exemple, *fig.* 124, ayant prolongé les arêtes SA et SB s'il est nécessaire pour que les angles ASC et BSC soient aigus, on mènera d'un point quelconque de l'arête SC, les plans CAD et CBD perpendiculaires, l'un sur SA, l'autre sur SB; ASB leur sera perpendiculaire (208), et ils se couperont par conséquent suivant une droite CD perpendiculaire à ce plan (210) : prenant $S'C' = SC$ et faisant la même construction sur l'angle trièdre $S'A'B'C'$, les triangles SAC et $S'A'C'$, SBC et $S'B'C'$ seront respectivement égaux, car ils ont deux angles et un côté égaux, donc $AC = A'C'$, $BC = B'C'$, $AS = A'S'$, $BS = B'S'$; les deux dernières égalités établissent celle des rectangles $ASBD$ et $A'S'B'D'$; donc $BD = B'D'$: alors les triangles CBD, $C'B'D'$, rectangles en D et D', ayant, chacun à chacun, deux côtés égaux, dont un est hypoténuse, seront égaux (34) ; ainsi $CD = C'D'$, et par conséquent les angles CBD et $C'B'D'$, qui mesurent les inclinaisons des plans ASB et BSC, $A'S'B'$ et $B'S'C'$ seront égaux aussi (*).

FIG. 124.

(*) M. Vecten, professeur au Lycée de Nismes, m'a fait remarquer qu'en menant par le sommet S le plan perpendiculaire à l'arête SB, on pouvait former une construction applicable à tous les cas; mais la figure étant un peu plus difficile à concevoir que la figure 123, j'ai cru devoir conserver ici la démonstration de Robert Simson qui, le premier, a donné ce théorème et le suivant pour remplir une lacune que présentait le 11ᵉ livre des *Élémens d'Euclide*.

THÉORÈME.

224. *Deux angles trièdres* SABC *et* S″A″B″C″, fig. 123, FIG. 123. *formés par trois angles plans égaux, et semblablement disposés entre eux, sont égaux dans toutes leurs parties.*

Démonstration. En effet, ayant fait coïncider les faces égales ASB et $A''S''B''$, par les arêtes AS et $A''S''$, les faces égales ASC et $A''S''C''$, qui sont également inclinées sur les précédentes (n° précéd.), coïncideront aussi ; et à cause de l'égalité des angles plans ASB, $A''S''B''$, ASC, $A''S''C''$, les arêtes SB et $S''B''$, SC et $S''C''$, coïncideront, et par conséquent aussi les faces BSC et $B''S''C''$, déterminées par ces arêtes.

225. *Remarque.* Il est bien important d'observer que la coïncidence des angles trièdres ne peut avoir lieu que dans le cas où les faces égales sont semblablement placées dans l'un et dans l'autre ; c'est-à-dire lorsque tous deux étant posés sur des faces égales, et ayant leur sommet tourné du même côté, les angles dièdres égaux sont ouverts dans le même sens, ainsi que cela arrive à l'égard des angles $SABC$ et $S''A''B''C''$, mais non pas à l'égard des angles $SABC$ et $S'A'B'C'$. Dans ce dernier, l'angle dièdre $C'B'S'A'$, compris entre les angles plans $A'S'B'$, $B'S'C'$, a son ouverture en sens contraire de celle de l'angle dièdre $CBSA$, qui lui est égal comme compris entre les angles plans ASB, BSC, respectivement égaux aux précédens ; et l'on voit bien qu'il est impossible de faire coïncider ces deux angles trièdres.

L'égalité des triangles ABC et $A'B'C'$, sur laquelle repose celle des angles dièdres formés par des angles plans égaux, subsiste toujours, parce que si on les conçoit détachés de l'angle trièdre, on peut retourner le plan du second pour l'appliquer sur le premier, renversement qui ne saurait s'effectuer dans les angles polyèdres. On ne peut donc conclure l'égalité des angles trièdres $SABC$ et $S'A'B'C'$ que de celle de leurs parties constituantes, et parce qu'il n'y a pas de raison pour qu'ils diffèrent l'un de l'autre, étant formés des mêmes angles plans et des mêmes angles dièdres.

Comme leur différence ne résulte que d'une simple transposition de parties, c'est-à-dire de ce que l'ordre des angles plans de l'un étant ASB, ASC, CSB, celui des angles correspondans de l'autre est $A'S'B'$, $C'S'B'$, $A'S'C'$, je crois qu'on pourrait les nommer angles trièdres *inverses* l'un de l'autre, et dire en conséquence que, par rapport à l'espace qu'ils renferment, *deux angles trièdres inverses l'un de l'autre sont égaux* (*).

Il y a encore plusieurs cas d'égalité dans les angles trièdres, mais le précédent suffit à mon objet.

THÉORÈME.

226. *La somme des angles plans qui composent un angle polyèdre convexe, c'est-à-dire dont toutes les arêtes sont saillantes ou extérieures, mais d'ailleurs quelconques, est toujours moindre que quatre droits.*

Démonstration. Si l'on ferme l'angle polyèdre SAB FIG. 125. CDE, *fig.* 125, par un plan quelconque, les côtés du polygone $ABCDE$, formé par les intersections de ce plan avec chacune des faces de l'angle polyèdre proposé, changeront ces faces en autant de triangles. En considérant séparément l'angle trièdre $BACS$, on a

---

(*) M. Legendre, à qui l'on doit la remarque et l'éclaircissement de la difficulté que présente l'égalité des angles trièdres inverses, les nomme *symétriques*, parce qu'il les considère comme construits de différens côtés d'un même plan. En effet, si l'on retournait l'angle trièdre $S'A'B'C'$ pour le placer au-dessous de $S''A''B''C''$, en $S''A''B''C''$, en faisant coïncider l'angle plan $A'S'B'$ avec son égal $A''S''B''$, par les arêtes correspondantes $A'S'$ et $A''S''$, $B'S'$ et $B''S''$, les deux angles trièdres présenteraient de chaque côté du plan $A''S''B''$ des espaces symétriques. M. Legendre a donné à cette idée ingénieuse des développemens qui jettent un grand jour sur la théorie des polyèdres (ou corps à faces planes), et pour lesquels je renvoie à son ouvrage.

$$SBA + SBC > ABC \ (222),$$

l'angle trièdre *CBDS* donne de même

$$SCB + SCD > BCD,$$

et ainsi des autres : la somme des angles *SAB*, *SBA*, *SBC*, *SCB*, etc. formés sur les côtés *AB*, *BC*, etc. des triangles *ASB*, *BSC*, etc. surpassera donc celle des angles intérieurs du polygone *ABCDE*, et vaudra par conséquent plus de deux fois autant d'angles droits que ce polygone a de côtés moins deux, ou que l'angle polyèdre a de faces moins deux (82). Si on retranche cette somme de celle de tous les angles des triangles *SAB*, *SBC*, *SCD*, etc. composée d'autant de fois deux angles droits que l'angle polyèdre a de faces, il restera nécessairement moins de deux fois deux angles droits ou de quatre angles droits, pour la somme des angles plans *ASB*, *BSC*, etc. formés au sommet *S* de l'angle polyèdre *SABCDE*.

DES CORPS TERMINÉS PAR DES PLANS.

227. Les corps terminés par des plans se nomment *corps polyèdres*, ou simplement *polyèdres*.

On ne peut fermer de toutes parts un espace par un nombre de plans moindre que quatre. Le corps *SABC*, *fig.* 126, compris entre les quatre plans *ASB*, *ASC*, FIG. 126. *BSC*, *ABC*, se nomme *tétraèdre*.

Tout corps dont une des faces est un polygone quelconque et dont toutes les autres sont des triangles ayant leur sommet au même point, se nomme *pyramide*. Le corps *SABCDE*, *fig.* 127, est une pyramide *pentagonale*, parce que sa *base ABCDE* est un pentagone ; le FIG. 127. point *S*, sommet commun des triangles *ASB*, *BSC*, *CSD*, *DSE*, *ESA*, est aussi le *sommet* de la pyramide. Le tétraèdre *SABC* de la figure 126 est lui-même une py- FIG 126. ramide triangulaire. Tous ses angles polyèdres n'ont que trois faces, ce qui n'a lieu que pour les angles adjacens à la base dans les autres pyramides ; et l'on peut prendre pour base celle de ses faces qu'on veut.

Les tétraèdres sont dans l'espace, ce que les triangles sont sur un plan ; car de même qu'on fixe la position d'un point sur un plan, en le liant, par un triangle, à deux points donnés, on fixe celle d'un point dans l'espace, en le liant, par un tétraèdre, à trois points donnés. Voici les principales propriétés des tétraèdres, jointes à quelques-unes de celles des pyramides qui ont la plus grande analogie avec les tétraèdres.

THÉORÈME.

228. *Si les angles trièdres* S *et* S′ *des tétraèdres*
FIG. 126. $SABC$, $S'A'B'C'$, *fig.* 126, *sont composés de triangles égaux et semblablement disposés, ces tétraèdres seront égaux ; et ils le seront encore si les faces* SAB *et* SAC *de l'un sont égales aux faces* S′A′B′ *et* S′A′C′ *de l'autre, assemblées de la même manière, et forment entre elles le même angle dièdre que celles-ci.*

Démonstration. 1°. Il est évident qu'en faisant coïncider la face SAB avec la face $S'A'B'$, les autres faces égales étant également inclinées sur celles-ci (223), coïncideront aussi.

2°. La face SAB coïncidant avec $S'A'B'$, la face SAC coïncidera avec $S'A'C'$, quand l'angle dièdre $CSAB$ sera égal à $C'S'A'B'$; et les droites SB et SC se trouvant alors confondues avec $S'B'$ et $S'C'$, les faces SBC et $S'B'C'$ coïncideront nécessairement.

229. On donne le nom de *polyèdres semblables* à ceux dont les faces sont des polygones semblables et dont les plans sont en même nombre, semblablement disposés et également inclinés les uns à l'égard des autres, ou forment des angles dièdres égaux. On va voir que la dernière de ces conditions résulte des autres pour les tétraèdres et les pyramides (*).

(*) M. Cauchy déjà cité (page 134), a démontré dans le 16e cahier du *Journal de l'École Polytechnique*, qu'il en était de

THÉORÈME.

230. *Lorsque les triangles qui forment deux angles trièdres homologues de deux tétraèdres, sont semblables chacun à chacun, et semblablement disposés, ces tétraèdres sont semblables ; et ils le seront encore si deux faces de l'un font entre elles le même angle que deux faces de l'autre, sont en outre semblables à celles-ci, et assemblées par des côtés homologues.*

Démonstration. 1°. Si les triangles SAB, SAC, SBC, *fig.* 126, sont respectivement semblables aux triangles $S'DE$, $S'DF$, $S'EF$, et disposés de la même manière, FIG. 126. que l'on prenne sur l'arête $S'D$, homologue dans le tétraèdre $S'DEF$, à l'arête SA du tétraèdre $SABC$, la partie $S'A' = SA$, et que par le point A', on mène le plan $A'B'C'$ parallèle à DEF, on déterminera dans le tétraèdre $S'DEF$, un tétraèdre $S'A'B'C'$ semblable à $S'DEF$ et égal à $SABC$.

En effet, il est évident qu'en vertu du parallélisme des droites $A'B'$ et DE, $A'C'$ et DF, $B'C'$ et EF (205), les faces $S'A'B'$ et $S'DE$, $S'A'C'$ et $S'DF$, $S'B'C'$ et $S'EF$, situées deux à deux dans le même plan, seront semblables. De plus, les triangles $A'B'C'$ et DEF, situés dans des plans différens, ayant aussi leurs côtés parallèles, et par conséquent leurs angles égaux (205), seront semblables. Les deux tétraèdres $S'A'B'C'$ et $S'DEF$ ayant donc leurs faces semblables et leurs angles trièdres homologues formés par des angles plans égaux, auront, chacun à chacun, tous leurs angles dièdres égaux (223), et seront nécessairement semblables.

Maintenant, les triangles $S'A'B'$, $S'A'C'$, équiangles à $S'DE$ et à $S'DF$, par construction, et par conséquent à SAB et à SAC, d'après l'hypothèse, seront égaux à ces

<hr>

même pour tous les polyèdres convexes, ce qui était supposé sans preuve, dans les *Élémens d'Euclide*, et étendu à tous les polyèdres, sans la restriction dont Robert Simson avait déjà reconnu le besoin. (Voyez aussi la *Géométrie* de M. Legendre, 9e édit.)

derniers, puisque les deux côtés homologues $S'A'$ et SA sont égaux (18); on aura donc ainsi $S'B' = SB$, $S'C' = SC$, ce qui entraînera l'égalité des triangles équiangles $S'B'C'$ et SBC, et par suite celle des tétraèdres $S'A'B'C'$ et $SABC$ (228). Donc enfin les tétraèdres $SABC$ et $S'DEF$, l'un égal, l'autre semblable à $S'A'B'C'$, sont semblables entre eux.

2°. Si les triangles SAB et SAC sont semblables aux triangles $S'DE$ et $S'DF$, de plus, joints par des côtés homologues à ceux qui réunissent ces derniers, et que l'angle dièdre $CSAB$ soit égal à l'angle dièdre $FS'DE$, le tétraèdre $S'A'B'C'$, construit ci-dessus, sera égal à $SABC$ (228), comme ayant deux faces, $S'A'B'$ et $S'A'C'$, égales aux faces SAB et SAC, et formant entre elles le même angle dièdre que ces dernières; le tétraèdre $SABC$ sera donc encore semblable à $S'DEF$.

THÉORÈME.

231. *Deux pyramides quelconques sont semblables lorsque toutes leurs faces sont semblables et semblablement disposées.*

Démonstration. Soient $SABCDE$, $S'FGHIK$, FIG. 127. *fig.* 127, les deux pyramides proposées; il est visible que tous leurs angles dièdres font partie des angles trièdres adjacens aux bases $ABCDE$, $FGHIK$; mais ceux-ci lorsqu'ils sont homologues, comme B et G, C et H, etc., étant compris entre des faces semblables et semblablement disposées, sont formés d'angles plans égaux; ils ont par conséquent leurs angles dièdres égaux : les pyramides réunissent donc tous les caractères de la similitude (229).

232. 1er *Corollaire.* Si l'on coupait la pyramide $S'FGHIK$ par un plan $A'B'C'D'E'$, parallèle à $FGHIK$, on aurait une pyramide $S'A'B'C'D'E'$ semblable à la pyramide entière, car il est facile de reconnaître que toutes les faces de l'une seraient semblables à celles de l'autre, et semblablement disposées, puisque les trian-

gles $A'B'C'$, $A'C'D'$, $A'D'E'$, sont respectivement
semblables aux triangles FGH, FHI, FIK, d'où il
résulte que les bases $A'B'C'D'E'$ et $FGHIK$ sont semblables entre elles.

Il est visible que les pyramides $S'A'B'C'D'E'$ et
$SABCDE$ seront égales, si l'une des arêtes $S'A'$ de la
première est égale à sa correspondante SA dans la seconde; car les faces de l'une et de l'autre étant semblables à celles de la pyramide $S'FGHIK$, sont semblables
entre elles, et doivent par conséquent devenir égales
lorsqu'elles ont un côté commun, puisqu'en vertu du
n° 18, des triangles équiangles sont égaux quand
ils ont, chacun à chacun, un côté égal : de plus, les
angles trièdres de chacune de ces pyramides, étant formés d'angles plans égaux, auront leurs angles dièdres
égaux (223). Par conséquent lorsque les bases
$A'B'C'D'E'$ et $ABCDE$ coïncideront, les pyramides
$S'A'B'C'D'E'$ et $SABCDE$ coïncideront aussi.

En menant des plans par les sommets S et S' et par les
diagonales AC, AD, FH et FI, on prouverait encore,
avec un peu d'attention, que les pyramides $SABCDE$,
$S'A'B'C'D'E'$ et $S'FGHIK$ sont composées d'un même
nombre de tétraèdres semblables et semblablement disposés, et que les pyramides $S'A'B'C'D'E'$ et $SABCDE$,
le sont de tétraèdres égaux; d'où on pourrait aussi
conclure que ces dernières sont égales.

Il convient d'observer que l'égalité de ces pyramides
emporte celle des perpendiculaires SP et $S'P'$, abaissées
des sommets S et S', sur les bases respectives.

233. 2e *Corollaire*. Il suit de la similitude des faces
des pyramides $SABCDE$, $S'FGHIK$, que les arêtes
de ces pyramides sont proportionnelles entre elles et aux
perpendiculaires SP et $S'Q$, abaissées des sommets sur
les bases; car en comparant les faces triangulaires homologues SAB et $S'FG$, SBC et $S'GH$, etc. on aura ces
suites de rapports égaux ;

$$SA : S'F :: AB : FG :: SB : S'G,$$
$$SB : S'G :: BC : GH :: SC : S'H,$$

desquelles on tirera celle-ci :

$$SA : S'F :: SB : S'G :: SC : S'H, \text{etc.}$$
$$:: AB : FG :: BC : GH, \text{etc.}$$

De plus, le parallélisme des plans $A'B'C'D'E'$ et $FGHIK$ donne (220),

$$S'A' : S'F :: S'P' : S'Q,$$
$$\text{ou} \qquad SA : S'F :: SP : S'Q,$$

puisque $S'A'{=}SA$, $S'P'{=}SP$; et le rapport $SA : S'F$ lie cette dernière proportion aux précédentes.

234. *Remarque.* On peut, par le moyen de ce qui précède, trouver la hauteur d'une pyramide, quand on connaît les dimensions d'un *tronc* tel que $FGHIKA'B'C'D'E'$, qui reste lorsqu'on en a retranché la partie supérieure $S'A'B'C'D'E'$, au moyen d'un plan $A'B'C'D'E'$ parallèle à la base $FGHIK$. Pour cela, il suffit de considérer la proportion

$$A'B' : FG :: S'P' : S'Q,$$

de laquelle on conclut

$$FG - A'B' : FG :: S'Q - S'P' : S'Q,$$
$$\text{ou} \quad FG - A'B' : FG :: P'Q : S'Q;$$

les trois premiers termes de la dernière proportion sont donnés par le tronc même, dont $P'Q$ est la hauteur, et font connaître la hauteur $S'Q$ de la pyramide entière.

THÉORÈME.

235. *Les bases des pyramides semblables* $S'A'B'C'D'E'$ *et* $S'FGHIK$, *sont entre elles comme les quarrés de deux arêtes homologues quelconques,* $S'A'$, $S'F$, *et comme les quarrés des perpendiculaires* $S'P'$ *et* $S'Q$, *abaissées du sommet sur leur plan.*

Démonstration. Les bases étant semblables, on a d'abord

$$A'B'C'D'E' : FGHIK :: \overline{A'B'}^2 : \overline{FG}^2 \, (176);$$

mais par le n° 233,

$$A'B' : FG :: S'A' : S'F :: S'P' : S'Q,$$

et par conséquent

$$\overline{A'B'}^2 : \overline{FG}^2 :: \overline{S'A'}^2 : \overline{S'F}^2 :: \overline{S'P'}^2 : \overline{S'Q}^2,$$

d'où il résulte

$$A'B'C'D'E' : FGHIK :: \overline{S'A'}^2 : \overline{S'F}^2 :: \overline{S'P'}^2 : \overline{S'Q}^2,$$

ce qui contient les deux parties de la proposition.

Il est visible que dans les proportions obtenues précédemment, on peut substituer, au lieu de la pyramide $S'A'B'C'D'E'$ et des lignes qui lui appartiennent, la pyramide égale $SABCDE$ et les lignes correspondantes.

236. *Corollaire.* Il suit de là que les sections faites à la même distance des sommets dans deux pyramides quelconques, sont dans un rapport constant, quelles que soient d'ailleurs ces distances et les figures des bases. En effet, si dans le tétraèdre de la figure 126, les distances $S'Q$ et $S'P'$ sont égales aux distances $S'Q$ et $S'P'$, dans la pyramide de la figure 127, le rapport des quar- FIG. 126 rés des deux premières étant égal à celui des quarrés et 127. des deux dernières, le rapport des triangles DEF et $A'B'C'$ sera par conséquent égal à celui des pentagones $FGHIK$ et $A'B'C'D'E'$; en sorte qu'on aura

$$DEF : A'B'C' :: FGHIK : A'B'C'D'E',$$

ou $$DEF : FGHIK :: A'B'C' : A'B'C'D'E'.$$

237. On distingue encore parmi les polyèdres, sous le nom de *prismes*, ceux qui ont deux faces opposées, égales et parallèles, qu'on nomme *bases*, et dont toutes les autres sont des parallélogrammes. Le corps $ABCDEFGHIK$, *fig.* 128, est un prisme ; sa base est FIG. 128. le pentagone $ABCDE$, et voici sa construction : par le sommet des angles de cette base et hors de son plan, on a mené des droites AF, BG, etc. parallèles entre

elles, et terminées à un plan *FGHIK* parallèle au plan *ABCDE*. Les arétes *AF*, *BG*, *CH*, etc. prises deux à deux, déterminent les faces *AFGB*, *BGHC*, etc. qui sont des parallélogrammes, puisque les droites *AB* et *FG*, *BC* et *GH*, sont parallèles deux à deux (215).

Il est visible que le polygone *FGHIK*, formant la *base supérieure* du prisme, est égal au polygone *ABCDE*, formant la base inférieure ; car ils ont leurs côtés et leurs angles égaux chacun à chacun (205). Par la même raison, la section faite dans le prisme proposé par tout plan parallèle à sa base, sera aussi égale à cette base.

On doit remarquer que chaque angle polyèdre d'un prisme n'est composé que de trois angles plans.

Un prisme dont les arêtes sont perpendiculaires sur sa base, est *droit* ; les autres sont *obliques*.

FIG: 129. 238. Le prisme *ABCDEFGH*, *fig.* 129, qu'on désignerait aussi par *AG*, et dont la base *ABCD* est un parallélogramme, se nomme *parallélépipède* ; ses faces opposées, *ABFE*, *CDHG*, par exemple, sont égales et parallèles. Leur égalité est évidente d'après la construction du prisme (237), et leur parallélisme résulte de celui des côtés des angles *EAB*, *HDC*, égaux entre eux (217).

THÉORÈME.

239. *Un polyèdre compris entre six plans, parallèles deux à deux, est un parallélépipède.*

Démonstration. 1°. Le plan *ABFE* coupant les deux plans parallèles *ABCD* et *EFGH*, suivant les droites *AB* et *EF* parallèles entre elles (215), et les plans parallèles *ADHE* et *BCGF*, suivant les droites *AE* et *BF* parallèles entre elles, la figure *ABFE* est nécessairement un parallélogramme. On montrerait de la même manière que chacune des autres faces du polyèdre *AG* est un parallélogramme. 2°. Les côtés *AB* et *DC* étant opposés dans le parallélogramme *ABCD*, sont égaux ; les côtés *HD* et *AE*, *CG* et *BF*, le sont aussi comme opposés dans les

parallélogrammes *ADHE*, *BCGF*; enfin les angles *CDH*
et *BAE*, *DCG* et *ABF*, sont égaux comme ayant leurs
côtés parallèles et leur ouverture tournée dans le même
sens (205) : les parallélogrammes opposés, *ABFE* et
CDHG, ayant ainsi, chacun à chacun, trois côtés et
deux angles égaux, seront donc égaux (85).

THÉORÈME.

240. *Si les angles trièdres* B *et* B' *des prismes* A I
et A'I', fig. 128, *sont composés de polygones égaux* FIG. 128.
et semblablement disposés, ces prismes seront égaux.

Démonstration. Il est visible que lorsque la coïncidence des angles trièdres *B* et *B'* sera établie (224), les
faces *ABCDE* et *A'B'C'D'E'*, *BCHG* et *B'C'H'G'*, se
trouvant confondues, les droites *CD* et *C'D'*, *CH* et
C'H' coïncidèront nécessairement, à cause de l'égalité
de ces faces. Mais les lignes *CD* et *CH* détermi-
nant la face *CDIH*, et les lignes *C'D'* et *C'H'* la face
correspondante *C'D'I'H'*, il s'ensuit que ces faces coïncideront aussi. On prouverait de même que tous les autres
parallélogrammes du prisme *AI* doivent se confondre
avec ceux du prisme *A'I'*, d'où il résulte que les polygones *FGHIK* et *F'G'H'I'K'*, coïncideront aussi, puisque les côtés du premier se trouveront confondus avec
ceux du second (*).

241. *Remarques.* Je passe maintenant aux polyèdres
de figure quelconque. On peut toujours, en joignant
par des droites, le sommet d'un de leurs angles à tous
les autres, et divisant toutes leurs faces en triangles,
les partager en pyramides triangulaires qui ont pour
faces des plans menés de ce point aux arêtes, et aux
diagonales des faces du corps proposé. L'inspection
de la fig. 130, rend la chose évidente. Le polyèdre FIG. 130.

(*) Il serait aisé de prouver que l'égalité des prismes se changerait en similitude, si les polygones assemblés au même angle
trièdre, étaient seulement semblables et semblablement disposés.

ABCDEFG se trouve partagé dans les cinq pyramides

$$GABC, \ GABF, \ GAEF, \ GAEC, \ GEDC,$$

dont le sommet est au point G, et qui se forment en joignant d'abord ce point avec les sommets A, B, C, D, E, des autres angles polyèdres, ce qui donne les pyramides *GABCDE*, *GABF*, *GAEF*, ayant pour base les diverses faces qui ne font point partie de l'angle polyèdre G; et partageant ensuite en triangles celles de ces faces qui ont plus de trois côtés, on a les bases des pyramides triangulaires désignées précédemment.

Je ne m'arrêterai pas à prouver que deux corps composés d'un même nombre de pyramides triangulaires égales et semblablement disposées, sont égaux; mais je ferai remarquer, par analogie, avec ce qui a été dit sur les polygones, dans le n° 91, qu'un polyèdre quelconque est déterminé en donnant les sommets de trois de ses angles polyèdres, et leurs distances à tous les autres (227). Il suit de là que N désignant le nombre des angles du polyèdre, sa détermination absolue dépend des $3\,(N-3)$ lignes menées aux angles du triangle pris pour base, et des trois côtés de ce triangle, ce qui fait en tout $3N-6$ données (*).

THÉORÈME.

242. *Deux polyèdres qui sont composés d'un même nombre de pyramides semblables et semblablement disposées, sont semblables.*

Démonstration. Soient les deux polyèdres *ABCDEFG*,
FIG. 130. *abcdefg*, *fig.* 130, composés d'un même nombre de pyramides semblables,

---

(*) Le nombre des angles d'un polyèdre, celui de ses faces et celui de ses arêtes, remplissent une condition remarquable découverte par Euler, et que voici: S désignant le nombre des angles polyèdres, H celui des faces, A celui des arêtes, on a toujours $S+H=A+2$. Pour le cube, par exemple, $S=8$, $H=6$, $A=12$. (*Voyez* le 16ᵉ cahier du *Journal de l'École Polytechnique*, dans lequel M. Cauchy a donné des théorèmes nouveaux et curieux sur ce sujet).

$$GABCDE \quad \text{et} \quad gabcde,$$
$$GAEF \quad \text{et} \quad gaef,$$
$$GABF \quad \text{et} \quad gabf\,(^*),$$

dont les sommets sont aux points G, g, et semblablement disposées ; il faut prouver que toutes les faces de l'un des corps sont semblables à celles de l'autre, semblablement disposées, et forment des angles dièdres égaux (229).

En jetant les yeux sur la figure, on voit d'abord que toutes les faces des deux polyèdres sont ou des faces semblables de pyramides homologues, ou composées d'un même nombre de ces faces, semblablement disposées entre elles.

Les faces telles que $ABCDE$ et $abcde$, sont dans le premier cas, puisqu'elles appartiennent aux pyramides $GABCDE$ et $gabcde$, situées de la même manière dans l'un et dans l'autre polyèdre.

Il en est de même des faces ABF, abf, communes aux polyèdres et aux tétraèdres $GABF$ et $gabf$.

La similitude des faces $DEFG$ et $defg$ se rapporte au second cas, parce qu'elles sont respectivement formées des triangles DEG et EFG, deg et efg, appartenant aux pyramides $GABCDE$ et $GAEF$, $gabcde$ et $gaef$, dont les deux premières sont semblables aux deux dernières. Il en sera de même des faces $BFGC$ et $bfgc$, composées des triangles BCG et BFG, bcg et bfg, appartenant aux pyramides $GABCDE$ et $GABF$, $gabcde$ et $gabf$.

Un semblable raisonnement prouverait la similitude de toutes les faces des polyèdres, en quelque nombre qu'elles fussent.

On s'y prendra de même pour reconnaître l'égalité

(*) Pour aider le lecteur à concevoir les pyramides comprises dans chacun des polyèdres, j'ai placé la première la lettre qui désigne le sommet : les autres font connaître la base.

des angles dièdres que ces faces comprennent. Les uns sont égaux, parce qu'ils sont communs aux polyèdres et à deux pyramides semblables : tels sont les angles *GDEA* et *gdea*, faisant partie des polyèdres et des pyramides *GABCDE* et *gabcde* : tels sont encore les angles *GEFA* et *gefa*, appartenant aux tétraèdres *GAEF* et *gaef*.

Les autres angles sont égaux parce qu'ils sont formés de la réunion d'un même nombre d'angles égaux comme appartenant à des pyramides semblables : tels sont les angles *BFAE* et *bfae*, composés respectivement des angles *BFAG* et *GAFE*, *bfag* et *gafe*, appartenant aux pyramides *GABF* et *GAEF*, *gabf* et *gaef*. Le même raisonnement aurait lieu, quel que fût le nombre d'angles des polyèdres; il pourrait arriver que ces angles fussent composés de plus de deux angles des pyramides, mais la démonstration ne changerait pas dans ce cas : on remarquera d'ailleurs son analogie avec celle du n° 88, qui se rapporte aux polygones.

THÉORÈME.

243. *Lorsque deux polyèdres sont semblables, ils peuvent être partagés en un même nombre de tétraèdres semblables et semblablement disposés.*

Démonstration. Il est d'abord évident que si dans les faces semblables des polyèdres proposés, on joint les angles homologues par des diagonales, on formera sur ces faces un même nombre de triangles semblables et semblablement disposés. Choisissant ensuite sur les deux corps deux faces semblables, et prenant dans chacune un angle homologue, pour le joindre à tous les autres angles du corps dont il fait partie, les polyèdres proposés seront partagés en un même nombre de tétraèdres semblablement disposés, et dont toutes les bases seront semblables.

Ces tétraèdres pourront se diviser en deux classes :

les uns auront deux faces communes avec les polyèdres, et comprenant entre elles des angles dièdres égaux comme appartenant aux polyèdres ; ils seront donc semblables. Dans cette classe sont les tétraèdres $GCDE$ et $gcde$, dont les faces, GDC et GDE, gdc et gde, sont semblables comme triangles homologues des faces semblables $DEFG$ et $defg$ des polyèdres, et comprenant les angles dièdres $CGDE$, $cgde$, qui appartiennent aux polyèdres.

Les tétraèdres de la seconde classe sont composés de faces homologues des tétraèdres de la première, et comprenant des angles formés par la différence d'angles égaux de ces tétraèdres, et d'angles égaux des polyèdres. De ce nombre sont les tétraèdres $GAEC$, $gaec$. En effet, la comparaison des tétraèdres $GCDE$ et $gcde$, dont la similitude a déjà été démontrée, prouve que les triangles GEC et gec sont semblables, et que les angles dièdres $DCGE$ et $dcge$ sont égaux ; la comparaison des tétraèdres $GABC$ et $gabc$, qui ont aussi deux faces communes avec les polyèdres, savoir BCG et ABC pour le premier, bcg et abc pour le second, prouve la similitude des triangles ACG et acg, ainsi que l'égalité des angles dièdres $BCGA$ et $bcga$. Maintenant si des angles dièdres $BCGD$ et $bcgd$, égaux, puisqu'ils sont formés par des faces homologues des polyèdres, on retranche respectivement les angles $DCGE$ et $dcge$, $BCGA$ et $bcga$, dont on a déjà montré l'égalité, les angles dièdres restans, $ACGE$ et $acge$, seront égaux ; par conséquent les tétraèdres $GAEC$ et $gaec$ seront semblables. De pareilles considérations rendraient évidente la similitude de tous les tétraèdres qui n'ont pas deux faces communes avec les polyèdres.

Il est bon de remarquer la similitude des triangles ACG et acg, formés par les diagonales des polyèdres, parce qu'il en résulte que les sommets des angles polyèdres, A, G, C, a, g, c, homologues dans des faces semblables, sont semblablement placés, les uns par rapport aux autres, dans tous les plans qui les joignent, et qui sont eux-mêmes semblablement placés et également inclinés par rapport aux faces qu'ils rencontrent. On en conclut que les sommets de ces angles sont semblablement placés dans les deux corps, ainsi que par rapport aux faces homologues, et sont par conséquent homologues dans les corps. Cette démonstration est entièrement analogue à celle du n° 89, relative aux polygones.

THÉORÈME.

244. *Les arêtes homologues des polyèdres semblables sont proportionnelles, ainsi que les diagonales des faces homologues, et les diagonales intérieures aux polyèdres.*

Démonstration. En effet, si l'on compare successivement les faces homologues $BCGF$ et $bcgf$, et les triangles AGC et agc, on aura ces deux suites de rapports égaux :

$$BC : bc :: BF : bf :: FG : fg :: BG : bg :: GC : gc,$$
$$GC : gc :: AC : ac :: AG : ag,$$

qui se lient entre elles par le rapport commun $GC : gc$, et que l'on combinerait de même avec les suites de rapports égaux déduits de la comparaison des autres faces homologues.

245. *Remarque.* Je n'entrerai dans aucun détail sur la mesure de l'aire des surfaces qui terminent les polyèdres, puisqu'elles se composent de figures planes, que l'on évaluera par les propositions de la IIe section de la Ire partie. J'observerai seulement que la somme des aires des parallélogrammes qui enveloppent un prisme, sans y comprendre les deux bases, est égale au produit de l'une des arêtes AF, BG, CH, etc. de ce prisme, *fig.* 128, par le contour de la section $LMNOP$, faite par un plan qui leur est perpendicu-

laire. En effet, il suit du n° 196 que les côtés *LM*, *MN*, *NO*, etc. de cette section, sont les hauteurs des parallélogrammes *ABGF*, *BCHG*, *CDIH*, etc. en prenant pour bases les arêtes *AF*, *BG*, *CH*, etc., on aura donc

$$ABGF = \overline{AF} \times \overline{LM}, \quad BCHG = \overline{BG} \times \overline{MN}, \text{ etc.} ;$$

et comme les arêtes *AF*, *BG*, etc. sont égales entre elles, la somme des aires des parallélogrammes qui enveloppent le prisme, sera égale à l'une d'elles, multipliée par $LM + MN +$ etc.

THÉORÈME.

246. *Les aires des polyèdres semblables sont entre elles comme les quarrés des arêtes homologues.*

Démonstration. Chacune des faces du premier polyèdre est à sa correspondante dans le second, comme le quarré de l'un de ses côtés est au quarré du côté homologue de l'autre (176); mais ces côtés étant des arêtes homologues des polyèdres, sont, d'un polyèdre à l'autre, dans le même rapport (244); leurs quarrés formeront donc une suite de rapports égaux; et ces rapports étant aussi ceux des faces homologues, il en faut conclure que ces derniers sont égaux entre eux. Par conséquent, la somme des faces du premier polyèdre est à la somme des faces du second, comme une quelconque des faces de l'un est à la correspondante de l'autre, ou comme le quarré d'une arête du premier polyèdre est au quarré de l'arête homologue du second. Substituant dans cette proportion, à la place des sommes des faces, les aires totales des polyèdres qu'elles forment, il en résultera que ces aires seront entre elles dans le rapport des quarrés des arêtes homologues.

DE LA MESURE DES VOLUMES.

247. L'espace renfermé par la surface d'un polyèdre, ou occupé par ce corps, est généralement désigné sous

le nom de *volume* (*). Quand on considère un vase ou un corps creux, on désigne encore le volume par le mot *capacité*. Parmi des corps de formes très différentes, il s'en trouve d'équivalens en volume ou en capacité, comme il y a des figures planes de formes différentes et d'aires équivalentes (159).

THÉORÈME.

248. *Deux parallélépipèdes construits sur la même base, et terminés supérieurement par le même plan parallèle à leur base, sont équivalens en volume.*

Démonstration. Il y a deux cas à considérer; dans FIG. 131. l'un, que représentent les deux figures 131, et dont je m'occuperai d'abord, les parallélépipèdes proposés, *AG* et *AL*, sont renfermés latéralement entre les mêmes plans parallèles, *AK* et *DL*. Dans cet état de choses, il est visible que les prismes triangulaires *AEIDHM* et *BFKCGL* sont égaux (240); car les triangles *AEI* et *BFK*, qui leur servent de bases, sont égaux (16), à cause des parallèles *AE* et *BF*, *AI* et *BK*, et les parallélogrammes *AEHD* et *BFGC*, *AIMD* et *BKLC* sont aussi égaux (238). Si donc on retranche du polyèdre *AL*, d'une part le prisme *BFKCGL*, et de l'autre le prisme *AEIDAM*, les parallélépipèdes restans, *ABCDEFGH* et *ABCDIKLM*, ou *AG* et *AL*, seront équivalens.

(*) Ce mot, compris par tous ceux qui entendent la langue française, m'a paru préférable au mot *solidité*, qui, dans l'usage ordinaire, est employé dans une autre acception. Ce n'est que lorsque la langue n'offre pas de mots propres à rendre une idée, qu'il peut être permis d'en créer de nouveaux, ou de détourner de sa signification quelque mot connu. La multitude des termes techniques étant un des plus grands obstacles qui s'opposent à la propagation des sciences, on ne saurait trop en diminuer le nombre. Puisque tout le monde comprend ce que c'est que le volume d'un corps, pourquoi le désigner par le mot *solidité*, qui rappelle plutôt l'idée de la résistance aux diverses causes de destruction?

Le second cas se trouve représenté dans la figure 132, où les deux parallélépipèdes $ABCDIKLM$ et FIG. 132. $ABCDNOPQ$, n'ont de commun que leur base inférieure $ABCD$ et le plan qui contient leurs bases supérieures $IKLM$ et $NOPQ$. Il se ramène au précédent en prolongeant les plans $ABIK$ et $DCLM$, en même temps que les plans $ADQN$ et $BCPO$, pour former le parallélépipède $ABCDEFGH$ (239), qui se trouve premièrement équivalent au parallélépipède $ABCDIKLM$, comme étant renfermé latéralement entre les plans parallèles AK et DL. Le même parallélépipède $ABCDEFGH$, considéré comme compris entre les plans parallèles BP et AQ, est aussi équivalent au parallélépipède $ABCDNOPQ$; les parallélépipèdes $ABCDIKLM$ et $ABCDNOPQ$, ou AL et AP, sont donc équivalens entre eux.

249. *Corollaire.* Par le moyen du théorème précédent, on prouve que tout parallélépipède AL dont les arêtes AI, BK, DM, CL, sont inclinées sur la base, est équivalent à un autre, AP, construit sur la même base, mais dont les arêtes AN, BO, CP, DQ, sont perpendiculaires sur cette base.

On peut ensuite transformer ce dernier, *fig.* 133, en FIG. 133. un autre, $ABRSNOTU$, ou AT, ayant pour base le rectangle $ABRS$, équivalent au parallélogramme $ABCD$, et dont les arêtes soient encore perpendiculaires sur sa base; car si l'on considère les parallélépipèdes AP et AT, comme ayant pour base commune le parallélogramme $ABON$, ils rentreront dans le premier cas du numéro précédent.

Il est évident que toutes les faces du parallélépipède AT sont des rectangles : on le nomme, à cause de cela, *parallélépipède rectangle*; et on conclut de ce qui vient d'être dit, *qu'un parallélépipède quelconque peut être transformé en un parallélépipède rectangle, ayant une base équivalente à celle du premier, et même hauteur.*

La *hauteur* d'un prisme ou d'un parallélépipède est la perpendiculaire menée entre les deux bases.

N. B. Il faut observer ci-dessus, que les bases $ABCD$ et $ABRS$ ont nécessairement un côté commun.

THÉORÈME.

250. *Si l'on forme sur la base d'un prisme triangulaire un parallélogramme, et que l'on élève sur ce parallélogramme, pris pour base, un parallélépipède de même hauteur que le prisme triangulaire, celui-ci sera la moitié de l'autre.*

Démonstration. Soit le prisme triangulaire $ABCEFG$, FIG. 129. *fig.* 129; si l'on achève sur sa base le parallélogramme $ABCD$, qu'on élève par le point D la droite DH parallèle aux droites AE, BF, CG, et terminée au plan de la base supérieure EFG du prisme proposé, les plans $AEHD$ et $DHGC$, respectivement parallèles aux plans $BFGC$ et $AEFB$ (217) completteront le parallélépipède, et formeront, avec le plan $AEGC$, un second prisme triangulaire $ADCEHG$, dont les parties constituantes seront les mêmes que celles du prisme $ABCEFG$. En effet les bases triangulaires sont les mêmes, la face $ACGE$ est commune et les autres faces parallélogrammes sont égales, comme opposées dans le parallélépipède. On ne peut cependant pas conclure du n° 240, l'égalité de ces prismes, parce que leurs faces ne sont pas semblablement disposées. Il n'y a que les angles trièdres tels que H et B, diagonalement opposés dans le parallélépipède, qui soient entièrement formés d'angles plans égaux. En comparant la position de ceux-ci (223) on reconnaît que les angles dièdres $AEHG$ et $GCBA$, $DHGE$ et $FBAC$, $AEGH$ et $EACB$, sont égaux. On voit par là que le prisme triangulaire $ADCEHG$ est construit au-dessous du plan EHG sur les mêmes parties qui constituent le prisme $ABCEFD$, au-dessus de ABC, et que par conséquent ces deux polyèdres, compris dans la classe de ceux qui ne peuvent coïncider (225), doivent renfermer le même espace : le volume de chacun d'eux sera donc la moitié de celui du parallélépipède qu'ils composent (*).

251. *Corollaire.* Il suit de là que deux prismes triangulaires de même base et de même hauteur sont équivalens, comme moitiés de parallélépipèdes équivalens.

THÉORÈME.

252. *Si l'on coupe un tétraèdre par des plans parallèles à sa base et équidistans, on pourra former, à chaque tranche, un prisme extérieur et un prisme intérieur, de manière que la somme des premiers approche autant qu'on voudra de celle des seconds, et par conséquent aussi du tétraèdre.*

Démonstration. Soient ABC, *fig.* 135, la base du té- FIG. 135. traèdre proposé, et FGH, LMN, QRT, les plans cou-

---

(*) Si l'on ne regarde pas cette égalité comme évidente, on la prouvera ainsi qu'il suit. Par les extrémités A, E, d'une arête du parallélépipède BH, *fig.* 134, on mènera des plans perpendiculaires à FIG. 134. cette arête, et on formera ainsi le parallélépipède NE, dont les arêtes sont perpendiculaires sur la base $AMNO$, et de plus équivalent au parallélépipède BH, puisqu'ils ont même hauteur, que leurs bases $AOLE$ et $ADHE$ sont équivalentes, et qu'elles ont un côté commun (249). Mais le plan $DBHF$ partage le parallélépipède NE en deux prismes triangulaires droits $AOMELI$, $MNOIKL$, évidemment égaux ; car leurs faces sont égales, semblablement disposées, et leurs angles dièdres correspondans sont égaux ; chacun de ces prismes est donc la moitié du parallélépipède NE, et par conséquent celle du parallélépipède BH. Cela posé, il est facile de voir que les pyramides quadrangulaires $AMBDO$ et $EIFHL$, sont égales comme ayant, chacune à chacune, toutes leurs faces égales, semblablement disposées et leurs angles dièdres correspondans égaux, et que si on les retranche alternativement du corps $AMOEFH$, les restes seront les deux prismes triangulaires $AOMELI$, $ABDEFH$: ces deux prismes sont donc équivalens ; or le premier étant la moitié du parallélépipède BH, il en sera de même du second.

Cette démonstration m'a été communiquée en 1803, par M. Fournier jeune ; mais M. Ampère, alors professeur à l'École centrale de Lyon, en avait déjà trouvé, de son côté, le principe.

pans; on mènera par les points A et B, F et G, L et M, Q et R, les droites AD et BE, Ia et Kb, Of et Pg, Ul et Vm, parallèles à l'arête CS, et terminées aux plans coupans supérieurs. A la première tranche $ABCFGH$, le prisme extérieur sera $ABCDEH$, et le prisme intérieur $abCFGH$. Pour abréger, je désignerai l'un par AH et l'autre par aH. A la seconde tranche $FGHLMN$, le prisme extérieur sera FN et l'intérieur fN, et ainsi de suite jusqu'à la dernière tranche $SQRT$ qui n'aura point de prisme intérieur, mais un prisme extérieur QS.

Tous ces prismes ont pour hauteur commune l'épaisseur des tranches; et le prisme intérieur de chaque tranche étant compris entre les mêmes parallèles que le prisme extérieur de la tranche au-dessus, est égal à ce dernier (240); en sorte que

$$aH = FN, \quad fN = LT, \quad lT = QS,$$

et par conséquent

$$aH + fN + lT = FN + LT + QS,$$

somme qui comprend tous les prismes extérieurs, excepté le premier, AH : celui-ci est donc l'excès de la somme des prismes extérieurs sur celle des prismes intérieurs.

Je n'ai considéré que quatre tranches, mais on en peut faire autant qu'on voudra; et plus le nombre en sera grand, plus leur épaisseur, ou celle du prisme AH, diminuera. Il pourra par conséquent être rendu moindre qu'un prisme donné, quelque petit que soit celui-ci; il en sera donc ainsi de la différence entre la somme des prismes extérieurs et celle des prismes intérieurs. Mais le tétraèdre $SABC$ étant plus petit que la première somme et plus grand que la seconde, sa différence avec l'une quelconque des deux, sera encore moindre que leur différence propre; on pourra donc faire en sorte que l'une et l'autre somme approchent autant que l'on voudra du volume de ce tétraèdre.

THÉORÈME.

153. *Deux tétraèdres de même base et de même hauteur, sont équivalens.*

Démonstration. Si l'on conçoit que sur chaque tétraèdre $SABC$, $S'A'B'C'$, on ait construit une suite de prismes extérieurs correspondans, ces prismes, compris entre des plans parallèles, ont nécessairement même hauteur; les sections qui leur servent de base étant respectivement à même distance du sommet, ainsi que les triangles égaux ABC, $A'B'C'$, bases des tétraèdres, sont égales chacune à chacune (236) : les prismes extérieurs correspondans sont donc équivalens; par conséquent la somme des prismes extérieurs d'un tétraèdre est égale à celle des prismes extérieurs de l'autre. Si donc f et f' désignent ces deux sommes, on aura

$$f = f' \quad \text{ou} \quad \frac{f}{f'} = 1;$$

mais comme on peut rendre aussi petite qu'on le voudra la différence entre chacune de ces sommes et le tétraèdre auquel elle appartient, on parviendra à prouver que la différence entre les rapports $\dfrac{f}{f'}$ et $\dfrac{S\,A\,B\,C}{S'\,A'\,B'\,C'}$, est moindre qu'aucune grandeur donnée ; et par là celle du rapport invariable $\dfrac{S\,A\,B\,C}{S'\,A'\,B'\,C'}$ et de l'unité l'étant aussi, il en résulte que $\dfrac{S\,A\,B\,C}{S'\,A'\,B'\,C'} = 1$ (153), ou que $SABC = S'A'B'C'$ (*).

(*) On démontrerait immédiatement qu'il y aurait absurdité à supposer un des tétraèdres plus grand que l'autre; il suffirait pour cela de considérer des prismes extérieurs tels, que la différence entre ceux qui seraient formés sur le tétraèdre supposé le plus petit et ce tétraèdre, fût moindre que la différence des deux tétraèdres; car il en résulterait que la somme des prismes extérieurs correspondans, formés sur le tétraèdre qu'on regarde comme le plus grand, serait moindre que ce tétraèdre.

THÉORÈME.

254. *Un tétraèdre est équivalent au tiers du prisme triangulaire de même base et de même hauteur.*

FIG. 136   *Démonstration.* Si par les points A et C de la base ABC du tétraèdre $EABC$, *fig.* 136, on mène les droites AD, CF, parallèles à l'arête BE, et par le point E un plan parallèle à ABC, on formera (237) un prisme triangulaire $ABCDEF$. Si maintenant on fait passer par les sommets A, E, C, des angles trièdres de ce prisme, un plan, il en séparera d'abord le tétraèdre proposé $EABC$, dont la hauteur et la base seront les mêmes que celles du prisme; il restera ensuite une pyramide quadrangulaire $EACFD$, représentée à part en $E'A'C'F'D'$, dont le sommet sera en E, et qui aura pour base la face postérieure $ACFD$ du prisme. Si par les points D, E, C, on fait passer un nouveau plan, il partagera cette pyramide en deux tétraèdres, $EACD, ECFD$, représentés à part en $E''A''C''D''$, $E'''C'''F'''D'''$; leurs hauteurs seront égales, puisqu'ils ont leur sommet au même point E et leurs bases sur un même plan. Ces bases seront aussi égales, comme étant les moitiés du parallélogramme $ACFD$; les tétraèdres $EACD$, $ECFD$, seront donc équivalens (n° précédent.); mais le second pouvant être considéré comme ayant pour base le triangle DEF, égal au triangle ABC, et son sommet au point C, aura même base et même hauteur que le prisme, et sera en conséquence équivalent au premier tétraèdre $EABC$: donc les tétraèdres $EABC$, $EACD$, $ECFD$, seront équivalens; donc chacun sera équivalent au tiers du prisme triangulaire qu'ils composent.

THÉORÈME.

255. *Les parallélépipèdes rectangles de même base, sont entre eux comme leurs hauteurs.*

Démonstration. Soient les parallélépipèdes rectangles *AG* et *IP*, *fig.* 137, dont les bases *AC* et *IL* sont des FIG. 137. rectangles égaux. 1°. Si les hauteurs *AE* et *IN*, sont commensurables, qu'on les divise en parties *Aa* et *Ii*, égales à leur commune mesure, et que, par les points *a* et *i*, on mène des plans parallèles à *AC* et à *IL*, on formera des parallélépipèdes *Ac* et *Il*, égaux entre eux (240); mais le nombre de ces parallélépipèdes étant dans *AG* le même que celui des parties égales contenues dans *AE*, et dans *IP* le même que celui des parties égales contenues dans *IN*, on aura évidemment

$$AG : IP :: AE : IN,$$

conformément à l'énoncé.

2°. Lorsque les hauteurs *AE* et *IN* ne sont pas commensurables, le tour de démonstration employé dans le numéro 166, prouve de même que le rapport du parallélépipède *AG* au parallélépipède *IP* ne peut être ni plus grand, ni plus petit que celui de *AE* à *IN*. En effet, si l'on suppose la proportion

$$AG : IP :: AE : IR, \text{ et } IR > IN,$$

on portera sur *IN* des parties aliquotes de *AE*, plus petites que *NR*; et par le point de division *n*, tombant entre *N* et *R*, on mènera un plan parallèle à *IL*, pour former le parallélépipède *Ip*, à l'égard duquel on aura

$$AG : Ip :: AE : In :$$

de cette proportion et de la précédente, on tirera

$$IP : Ip :: IR : In,$$

résultat absurde, puisque $IP < Ip$ et $IR > In$.

On ne saurait faire non plus

$$AG : IP :: AE : IR' \text{ et } IR' < IN;$$

car pour un point de division *n'*, placé entre *R'* et *N*, on aurait

$$AG : Ip' :: AE : In',$$

d'où on conclurait

$$IP : Ip' :: IR' : In',$$

ce qui est encore absurde, puisque $IP > Ip'$ et $IR' < In'$.

THÉORÈME.

256. *Deux parallélépipèdes rectangles quelconques,*
FIG. 138. AG *et* IP, fig. 138, *sont entre eux comme les produits
des arêtes qui forment un même angle trièdre.*

Démonstration. Si l'on prend sur l'arête IN du parallélépipède IP, une partie $II' = AE$, et sur l'arête BC
du parallélépipède AG, une partie $BC' = IM$, puis qu'on
mène le plan $I'L'$ parallèle à IL, et le plan $C'H'$ parallèle à AF, on construira les parallélépipèdes IL' et AG',
qui auront pour bases les rectangles IM' et AH', formés
sur des bases et des hauteurs égales : on aura donc, par
le numéro précédent,

$$AG' : IL' :: AB : IK ;$$

et en comparant les parallélépipèdes AG et AG', con-
sidérés comme ayant pour base le rectangle AF, il
viendra

$$AG : AG' :: AD : AD'.$$

Multipliant ces proportions par ordre, en omettant le
facteur AG', commun aux deux termes du premier
rapport composé, et substituant à AD' son égale IM,
on conclura

$$AG : IL' :: \overline{AB} \times \overline{AD} : \overline{IK} \times \overline{IM}.$$

Enfin les parallélépipèdes IL' et IP ayant même base
$IKLM$, donneront la proportion

$$IL' : IP :: II' : IN.$$

Multipliant encore cette proportion et la précédente par
ordre, en omettant le facteur IL' et remplaçant II' par
son égale AE, il viendra

$$AG : IP :: \overline{AB} \times \overline{AD} \times \overline{AE} : \overline{IK} \times \overline{IM} \times \overline{IN},$$

ce qui donne l'énoncé du théorème.

257. *Remarque.* Si l'on choisit pour terme de comparaison de tous les parallélépipèdes rectangles, le
parallélépipède rectangle *ag*, *fig.* 139, dont les trois FIG. 139.
arêtes contiguës, *ab*, *ad*, *ae*, soient égales à la ligne
prise pour unité ou pour mesure commune des droites,
leur produit sera l'unité, et on aura

$$ag : AG :: 1 : \overline{AB} \times \overline{AD} \times \overline{AE},$$

c'est-à-dire, *que le parallélépipède rectangle AG con-*
tiendra autant de fois le parallélépipède rectangle ag,
que le produit des lignes AB, AD, AE, rapportées à la
mesure commune ab, *contient l'unité.* C'est là ce qu'il
faut entendre quand on dit *que la mesure du volume*
d'un parallélépipède rectangle est le produit de ses trois
arêtes contiguës ; et si l'on observe que le produit
$\overline{AB} \times \overline{AD}$ exprime le nombre des quarrés égaux à *ac*,
contenus dans la base *AC* (168), ou, ce qui est la
même chose, donne la mesure de l'aire de la base,
on en conclura que *le volume d'un parallélépipède*
rectangle a pour mesure le produit de sa base par sa
hauteur, évaluées l'une et l'autre numériquement.

Dans le cas où les arêtes AB, AD et AE, con-
tiendraient un nombre exact de fois le côté *ab* du parallélépipède *ag*, on reconnaîtrait, à l'inspection de la
figure, que l'on pourrait placer sur la base AC autant
de parallélépipèdes égaux à *ag*, que cette base contient
de fois la base *ac*, et qu'on formerait ainsi un parallélépipède de même base que AG, de même hauteur que *ag*,
et qui serait contenu dans AG autant de fois que la hauteur AE contient la hauteur *ae* ou le côté *ab* ; d'où il
suit encore que le parallélépipède AG contient autant
de parallélépipèdes égaux à *ag* que le produit de la
base $ABCD$ par la hauteur AE, contient d'unités.

258. 1er *Corollaire.* Si les trois arêtes AB, AD, AE,
étaient égales entre elles, le volume du parallélépipède
AG serait mesuré par $\overline{AB} \times \overline{AB} = \overline{AB}^3$, ou par la

troisième puissance de *AB* ; mais il est visible que , dans ce cas, les six faces du parallélépipède rectangle *AG* deviennent des quarrés égaux : on lui donne alors le nom de *cube*, et de là vient qu'on appelle *cube* la troisième puissance d'un nombre.

259. 2ᵉ *Corollaire*. Puisqu'un parallélépipède quelconque peut toujours être transformé en un parallélépipède rectangle de même hauteur, et construit sur une base équivalente (249), il s'ensuit que le volume d'un parallélépipède quelconque a pour mesure le produit de sa base par sa hauteur ; et que par conséquent deux parallélépipèdes de même hauteur et de bases seulement équivalentes, comprennent le même volume.

260. 3ᵉ *Corollaire*. Le volume du prisme triangulaire FIG. 129. *ABCEFG*, *fig.* 129, étant équivalent à la moitié de celui du parallélépipède *ABCDEFGH* (250), aura pour mesure, d'après ce qui précède, la moitié du produit de la base de ce parallélépipède par sa hauteur ; mais le triangle *ABC*, qui forme la base du prisme, n'étant que la moitié de celle du parallélépipède ; il est évident que le volume d'un prisme triangulaire aura pour mesure le produit de sa base par sa hauteur.

Le volume d'un prisme qui a une base quelconque FIG. 128. *ABCDE*, *fig.* 128, s'exprime de la même manière ; car si on partage le polygone *ABCDE* en triangles, par des diagonales *AC*, *AD*, et que , par ces diagonales et par les arêtes parallèles qui leur sont contiguës, *AF* et *CH*, *AF* et *DI*, on mène des plans, on partagera le prisme *AI* en trois prismes triangulaires de même hauteur, et dont les bases seront *ABC*, *ACD*, *ADE* : en désignant par *H* la hauteur commune de ces prismes, ou la distance perpendiculaire des plans qui contiennent leurs bases inférieures et leurs bases supérieures, les mesures de leurs volumes respectifs seront

$$\overline{ABC} \times H, \quad \overline{ACD} \times H, \quad \overline{ADE} \times H;$$

leur somme $(ABC+ACD+ADE)H=\overline{ABCDE}\times H$ donnera le volume du prisme total AI.

On conclut de là, que les volumes de deux prismes quelconques sont entre eux comme les produits de leur base par leur hauteur, et que par conséquent ils sont entre eux comme leurs hauteurs, lorsqu'ils ont des bases équivalentes, ou comme leurs bases lorsqu'ils ont même hauteur, ou enfin que ces prismes sont équivalens, lorsqu'ils ont à la fois même hauteur et des bases équivalentes, et cela, quelles que soient les figures de ces bases.

261. *4ᵉ Corollaire.* Le volume d'un tétraèdre a pour mesure le tiers du produit de sa base par sa hauteur, puisque ce volume est le tiers de celui du prisme, qui est mesuré par le produit de sa base par sa hauteur (254).

262. *5ᵉ Corollaire.* Les mêmes mesures conviennent aux pyramides quelconques; car si l'on partage en triangles la base $ABCDE$ de la pyramide quelconque $SABCDE$, *fig.* 127, et que l'on mène des plans par le FIG. 127. sommet et par chacune des diagonales AC, AD, cette pyramide se trouvera partagée en trois tétraèdres de même hauteur, et dont les bases seront respectivement ABC, ACD, ADE : le volume de chacun de ces tétraèdres étant mesuré par le tiers du produit de sa base par sa hauteur, la somme des volumes de tous trois, ou celui de la pyramide proposée, sera évidemment égal au tiers du produit de la somme de leurs bases par la hauteur commune, c'est-à-dire au tiers du produit de la base de la pyramide proposée par sa hauteur.

Il résulte de là que deux pyramides quelconques sont entre elles comme les produits de leur base par leur hauteur, et seulement comme leurs bases si les hauteurs sont les mêmes, ou comme leurs hauteurs si les bases sont équivalentes, ou enfin que ces pyramides sont équivalentes, lorsqu'elles ont à la fois même hauteur et des bases équivalentes, quelles que soient d'ailleurs les figures de ces bases.

263. *Remarques.* Puisqu'on peut trouver la hauteur de la pyramide dont un tronc donné, à bases parallèles, fait partie (234), il est évident qu'on aura le volume de ce tronc en calculant séparément le volume de la pyramide entière, celui de la pyramide retranchée, et prenant la différence des deux résultats.

On voit encore qu'un polyèdre quelconque pouvant toujours être partagé en pyramides (241), l'évaluation de son volume s'opérera en calculant séparément, d'après ce qui précède, celui de chacune des pyramides qu'il contient, et prenant la somme des résultats : je ne m'arrêterai donc pas sur ce sujet.

Cependant il est une espèce de polyèdres à laquelle on peut ramener toutes les autres, et que, pour cette raison, il est bon de connaître : c'est le *prisme triangulaire tronqué*, qui ne diffère du prisme triangulaire ordinaire que parce que le plan opposé à sa base n'est point parallèle à cette base, et que par conséquent ses faces sont des trapèzes au lieu d'être des pa-

FIG. 140. rallélogrammes. *ABCDEF, fig.* 140, est un prisme triangulaire tronqué.

THÉORÈME.

264. *Un prisme triangulaire tronqué est toujours équivalent à trois tétraèdres de même base, et ayant leurs sommets respectifs placés à chacun des angles du triangle opposé à cette base.*

Démonstration. En faisant passer un plan par les trois points A, C, E, on détacherait d'abord du prisme $ABCDEF$, le tétraèdre $EABC$, dont la base est le triangle ABC, base du prisme, et dont le sommet est placé à l'angle E du triangle DEF opposé à cette base. Il resterait ensuite la pyramide quadrangulaire

EACFD, qui se diviserait en deux tétraèdres *EACD*, *ECFD*, en menant par la diagonale *DC* et par le point *E*, le plan *DEC*. Ces tétraèdres ne sont pas ceux qui sont désignés dans l'énoncé; mais en rétablissant le prisme dans son entier, on prouve facilement qu'ils sont équivalens à ces derniers.

En effet, si on mène dans la face *ABED* la diagonale *BD*, et que l'on conçoive le plan *BDC*, on aura le tétraèdre *BACD*, construit sur la base *ACD* du tétraèdre *EACD*, et de même hauteur, puisque les sommets *B* et *E* de l'un et de l'autre sont sur une même droite *BE*, parallèle au plan de leur base; mais on peut aussi considérer le tétraèdre *BACD* comme ayant son sommet au point *D*, et pour base le triangle *ABC* : ainsi ce tétraèdre est tel que l'exige l'énoncé.

Pour trouver le tétraèdre équivalent à *ECFD*, il faut tirer les diagonales *AF* et *BF*, dans les faces *ACFD* et *BCFE*; en concevant alors le plan *AFB*, on a le tétraèdre *BACF*, dont la base *ACF* est équivalente à la base *CFD* du tétraèdre *ECFD*, puisque ces deux triangles ont même base *CF*, et sont compris entre les parallèles *AD* et *CF*; de plus, les tétraèdres ayant leurs sommets sur la même droite *BE*, parallèle au plan de leur base, ont par conséquent la même hauteur : ils sont donc équivalens. Le tétraèdre *BACF*, considéré comme ayant son sommet placé en *F*, et pour base le triangle *ABC*, sera le troisième tétraèdre désigné dans l'énoncé.

265. *Corollaire*. Il suit du théorème précédent, que le volume d'un prisme triangulaire tronqué a pour mesure le produit de sa base par le tiers de la somme des trois perpendiculaires abaissées sur cette base, de chacun des angles de la base supérieure, puisque ces perpendiculaires sont les hauteurs respectives des tétraèdres, à la somme desquels le prisme est équivalent, et qui ont tous pour base celle du prisme.

THÉORÈME.

266. *Deux polyèdres semblables sont entre eux comme les cubes de leurs arêtes homologues.*

Démonstration. 1°. Si les polyèdres proposés sont les pyramides $SABCDE$, $S'FGHIK$, *fig.* 127, on aura par le n° 235,

$$ABCDE : FGHIK :: \overline{SP}^2 : \overline{S'Q}^2;$$

multipliant cette proportion par la proportion évidente

$$\tfrac{1}{3}SP : \tfrac{1}{3}S'Q :: SP : S'Q,$$

il viendra

$$\overline{ABCDE} \times \tfrac{1}{3}\overline{SP} : \overline{FGHIK} \times \tfrac{1}{3}\overline{S'Q} :: \overline{SP}^3 : \overline{S'Q}^3.$$

Les deux premiers termes de cette proportion, qui expriment les volumes des pyramides proposées, montrent que ces volumes sont entre eux comme les cubes de leurs hauteurs; mais la similitude des pyramides donne aussi

$$SP : S'Q :: SA : S'F :: AB : FG \ (233),$$

d'où l'on tire

$$\overline{SP}^3 : \overline{S'Q}^3 :: \overline{SA}^3 : \overline{S'F}^3 :: \overline{AB}^3 : \overline{FG}^3,$$

et par conséquent

$$SABCDE : S'FGHIK :: \overline{SA}^3 : \overline{S'F}^3 :: \overline{AB}^3 : \overline{FG}^3;$$

c'est-à-dire que *les pyramides semblables sont entre elles comme les cubes de leurs arêtes homologues, soit que ces arêtes partent du sommet, soit qu'elles se trouvent sur la base* (*).

(*) En imitant la construction et le raisonnement du n° 177, il serait facile de prouver que *les volumes de deux tétraèdres qui ont un angle trièdre commun, sont entre eux comme les produits des arêtes qui, dans chacun, comprennent cet angle.*

2°. Lorsqu'il s'agit de deux polyèdres quelconques, on peut les concevoir partagés en un même nombre de pyramides semblables et semblablement disposées (243). Chacune des pyramides du premier polyèdre sera à celle qui lui correspond dans le second, comme le cube de l'une de ses arêtes est au cube de l'arête homologue de l'autre pyramide; mais ces arêtes, qui sont nécessairement ou les arêtes mêmes des polyèdres proposés, ou les diagonales de leurs faces, ou enfin les diagonales qui joignent intérieurement les sommets de leurs angles polyèdres, sont, d'un polyèdre à l'autre, dans le même rapport (244); leurs cubes formeront par conséquent une suite de rapports égaux, et ces rapports étant aussi égaux à ceux des pyramides, il en faut conclure que ces derniers sont égaux entre eux : par conséquent la somme des pyramides du premier polyèdre est à la somme des pyramides du second, comme une quelconque des pyramides de l'un est à la correspondante de l'autre, ou comme le cube de l'une quelconque des arêtes du premier polyèdre est au cube de l'arête homologue du second. Substituant dans cette proportion, à la place des sommes des pyramides, les polyèdres qu'elles composent, il en résultera que ces corps sont entre eux dans le rapport des cubes de leurs arêtes homologues.

DEUXIÈME PARTIE.

SECTION II.

DES CORPS RONDS.

267. LES corps ronds sont ceux qu'on produit en faisant tourner une figure plane autour d'une ligne droite. Je ne m'occuperai spécialement ici que du *cône droit*, du *cylindre droit* et de la *sphère*.

Le cône droit s'engendre en faisant tourner un triangle FIG. 141. rectangle *SAC*, *fig.* 141, autour de l'un des côtés *SC* de l'angle droit; l'hypoténuse *SA* décrit dans ce mouvement *la surface conique droite* qui enveloppe le corps.

Un point quelconque *A'* de cette droite décrit une circonférence de cercle dont le centre est sur la droite *SC*, autour de laquelle tourne le triangle *SAC*, et que, pour cette raison, on nomme *l'axe du cône;* car si on conçoit la droite *A'C'* tirée dans le triangle générateur, perpendiculairement à cet axe, et tournant avec lui, elle décrira un plan perpendiculaire à l'axe *SC* (198), et sera évidemment le rayon du cercle *A'D'B'*.

Il suit de là que la surface conique coupée par un plan perpendiculaire à son axe, donne une circonférence de cercle; et il est visible qu'un plan mené par son sommet, la coupe en général suivant deux lignes droites.

Le cercle *ADB* décrit par le côté *AC* du triangle générateur, et qui ferme le cône, est la *base*, tandis que le point *S* est le *sommet;* et cette base est perpendiculaire à l'axe *SC* (*).

(*) On donne le nom de *cône droit* à celui que je décris ici, pour le distinguer du cône oblique à base circulaire, qui s'engendre

Les triangles semblables SAC et $SA'C'$, donnant

$$AC : A'C' :: SC : SC' :: SA : SA',$$

font voir que les rayons des cercles ADB et $A'D'B'$ sont proportionnels à la distance de leur plan, au sommet du cône ; mais les circonférences des cercles étant entre elles comme leurs rayons (154), et leurs aires suivant le rapport des quarrés de ces rayons (188) , on aura encore

$$\mathrm{circ.}\,ADB : \mathrm{circ.}\,A'D'B' :: AC : A'C' :: SC : SC' :: SA : SA',$$

$$\mathrm{aire}\,ADB : \mathrm{aire}\,A'D'B' :: \overline{AC}^2 : \overline{A'C'}^2 :: \overline{SC}^2 : \overline{SC'}^2 :: \overline{SA}^2 : \overline{SA'}^2,$$

propriétés qui reviennent à celles qui ont été démontrées pour les pyramides dans les n°s 233 et 235.

268. *Remarque.* Lorsqu'on a les dimensions d'un tronc de cône à bases parallèles $BDAEB'D'A'E'$, *fig.* 144, FIG. 144. on calcule par un procédé analogue à celui du n° 234, la hauteur du cône entier. En effet les triangles ASO et $A'SO'$ étant semblables, donnent

$$AO : A'O' :: SO : SO',$$

d'où l'on tire

$$AO - A'O' : SO - SO' :: AO : SO,$$

ce qui revient à

$$AO - A'O' : OO' :: AO : SO,$$

proportion dans laquelle les trois premiers termes sont donnés, et qui fera connaître la hauteur du cône entier.

THÉORÈME.

269. *Si l'on construit des polygones réguliers, inscrits et circonscrits à la base du cône, et que l'on*

---

en faisant tourner autour d'un point S, *fig.* 142, une droite SA, FIG. 142. assujétie à toucher continuellement la circonférence d'un cercle ADB, situé dans un plan qui ne passe pas par le point S. La droite SC, que l'on nomme encore l'*axe du cône*, n'est plus perpendiculaire au plan de la base ADB.

joigne les angles de ces polygones avec le sommet du cône, ces lignes détermineront des pyramides dites régulières, parce que toutes leurs faces triangulaires seront égales ; et parmi ces pyramides, on pourra toujours en trouver deux, l'une inscrite et l'autre circonscrite, telles, que la différence de leurs aires soit moindre qu'une grandeur donnée, quelque petite que soit cette grandeur.

FIG. 143. *Démonstration.* Soit $abcdef$, *fig.* 143, le polygone inscrit dans la base du cône : en tirant les droites aS, bS, cS, etc. et joignant ces droites par des plans, on aura la pyramide $Sabcdef$. L'aire de cette pyramide, sans y comprendre sa base $abcdef$, est composée des triangles aSb, bSc, cSd, etc. égaux entre eux, puisqu'ils sont formés par les côtés du polygone $abcdef$, que l'on suppose régulier, et par les obliques Sa, Sb, Sc, etc. qui s'écartent également de la perpendiculaire SO. L'aire de l'un de ces triangles, de aSb, par exemple, a pour mesure $\frac{1}{2}\,\overline{ab} \times \overline{Sg}$, Sg étant perpendiculaire sur ab ; leur somme aura pour mesure $\frac{1}{2}N \times \overline{ab} \times \overline{Sg}$, en désignant par N le nombre des côtés du polygone $abcdef$; et comme $N \times \overline{ab}$ est évidemment le contour de ce polygone, on en conclura que *l'aire de la pyramide régulière, lorsqu'on n'y comprend point sa base, a pour mesure la moitié du produit du contour de cette base, par la perpendiculaire abaissée du sommet sur l'un de ses côtés.*

Dans la pyramide circonscrite, dont je n'ai représenté qu'une seule face, ASB, pour ne pas trop compliquer la figure, les faces sont toutes égales entre elles comme dans la pyramide inscrite, parce que les arêtes SA, SB, sont toujours des obliques qui s'écartent également de la perpendiculaire SO. Le milieu du côté AB du polygone circonscrit étant précisément le point de son contact avec la circonférence du cercle $aGbf$, la perpendiculaire SG, abaissée du point S sur AB, se confond avec le côté du cône. L'aire du triangle ASB a pour expression $\frac{1}{2}\overline{AB}\times\overline{SG}$, et par conséquent celle de la pyramide entière, à l'exception de sa base, sera $\frac{1}{2}N\times\overline{AB}\times\overline{SG}$.

Cela posé, si l'on désigne par p et P les aires de la pyramide inscrite et de la pyramide circonscrite, et par p' et P' les contours de leurs bases, on aura

$$p=\tfrac{1}{2}p'\times\overline{Sg}, \qquad\qquad P=\tfrac{1}{2}P'\times\overline{SG},$$

d'où l'on conclura

$$P-p=\tfrac{1}{2}P'\times\overline{SG}-\tfrac{1}{2}p'\times\overline{Sg}.$$

Mais il résulte de la nature des polygones réguliers inscrits et circonscrits au cercle (151), que les contours de ces polygones approchent sans cesse de l'égalité à mesure que l'on multiplie leurs côtés; et il est visible que, dans les mêmes circonstances, la différence entre les droites SG et Sg peut devenir aussi petite qu'on voudra : les produits $\frac{1}{2}P'\times\overline{SG}$ et $\frac{1}{2}p'\times\overline{Sg}$ approcheront donc aussi sans cesse de l'égalité, et la différence des aires de la pyramide inscrite et de la pyramide circonscrite pourra par conséquent devenir moindre que telle grandeur donnée qu'on voudra.

270. *Corollaire*. Il est évident que plus on multiplie les côtés des polygones inscrits et circonscrits, plus les pyramides inscrites et circonscrites approchent de se confondre avec le cône, et plus en même temps l'aire de la pyramide inscrite augmente, tandis que celle de la pyramide circonscrite diminue. En effet, le contour du polygone inscrit augmente toujours, ainsi que la droite Sg, qui, en s'approchant de la surface conique, s'éloigne sans cesse de la perpendiculaire SO, tandis que le contour du polygone circonscrit diminue sans cesse en s'approchant du cercle, et que la droite SG con-

serve la même grandeur. Il suit évidemment de là que, pour l'étendue, l'aire du cône est toujours comprise entre celles de la pyramide inscrite et de la pyramide circonscrite ; mais comme par le théorème précédent, on peut rendre la différence de ces dernières moindre qu'une grandeur donnée, quelque petite qu'elle soit, on pourra toujours, à plus forte raison, rendre la différence entre l'aire du cône et celle de la pyramide inscrite ou de la pyramide circonscrite, aussi petite qu'on le voudra.

THÉORÈME.

271. *L'aire d'un cône droit a pour mesure la moitié du produit de la circonférence du cercle qui lui sert de base par son côté, ou $\frac{1}{2}$ CR, en nommant la première C et le second R.*

Démonstration. Si P représente actuellement le périmètre du polygone circonscrit, l'aire de la pyramide circonscrite sera exprimée par $\frac{1}{2} PR$ (269), puisque R est la même chose que SG ; et désignant par X la vraie mesure de l'aire du cône, les trois quantités $\frac{1}{2} PR$, $\frac{1}{2} CR$ et X seront dans le cas du n° 186, puisque la première, toujours plus grande que les deux autres, en vertu du n° 270, et à cause que $P > C$, peut en approcher d'aussi près qu'on voudra : on aura donc

$$X = \tfrac{1}{2} CR \, (^{*}).$$

THÉORÈME.

272. *L'aire de la portion qui reste de la surface conique, après qu'on en a retranché une partie* SA′D′B′, *par un plan parallèle à la base, ou l'aire du cône*

(*) Ce théorème se démontrerait immédiatement par un raisonnement analogue à celui de la note du n° 187, en substituant des pyramides aux polygones employés dans la note citée. Le lecteur trouvera aisément de quelle manière il faudrait modifier ce raisonnement pour l'appliquer aux propositions des numéros 275, 280, 283, 297 et 304, qui complètent la mesure de l'aire et du volume des corps ronds.

tronqué ADBEA′D′B′E′, fig. 144, a pour mesure la FIG. 144.
*moitié du produit de la somme des circonférences de
ses deux bases* ADB *et* A′D′B′, *par son côté* AA′.

Démonstration. Si l'on élève par le point A, perpendiculairement à SA, la droite AC, égale en longueur à la circonférence $ADBE$, et que l'on tire SC, l'aire du triangle rectangle SAC ayant pour mesure $\frac{1}{2}\overline{AC}\times\overline{SA}$, est équivalente à l'aire du cône $SADBE$ (n° précéd.). Tirant ensuite la droite $A′C′$ parallèle à AC, les triangles SAC et $SA′C′$, semblables entre eux, donneront

$$AC : A′C′ :: SA : SA′;$$

mais on a aussi

circonf. $ADBE$: circonf. $A′D′B′E′$ :: $SA : SA′$ (267) :

le rapport $SA : SA′$, commun entre ces deux proportions, conduit à la suivante :

circonf. $ADBE$: circonf. $A′D′B′E′$ :: $AC : A′C′$;

et puisque $AC =$ circonf. $ADBE$, par construction, il en résulte

$$A′C′ = \text{circonf. } A′D′B′E′.$$

Il suit de là que l'aire du triangle $SA′C′$, égale à $\frac{1}{2}\overline{A′C′}\times\overline{SA′}$, sera équivalente à celle du cône retranché $SA′D′B′E′$: l'aire du trapèze $ACC′A′$ sera donc équivalente à celle du tronc de cône $ADBEA′D′B′E′$; et comme la droite $AA′$ est perpendiculaire aux droites AC et $A′C′$, la mesure du trapèze $ACC′A′$ sera

$$\tfrac{1}{2}AA′\,(AC + A′C′)\ (175),$$

ou $\quad \tfrac{1}{2}AA′\,(\text{circ. }ADBE + \text{circ. }A′D′B′E′),$

comme le porte l'énoncé.

Puisqu'on peut prendre, au lieu de $\frac{1}{2}(AC + A′C′)$, la droite $A″C″$, menée parallèlement à AC, par le milieu de $AA′$ (175), il s'ensuit que l'on peut aussi substituer à $\frac{1}{2}(\text{circ. }ADBE + \text{circ. }A′D′B′E′)$, la circonférence

$A''D''B''E''$ de la section faite dans le tronc de cône, à égale distance des deux bases, et parallèlement à leurs plans ; car on aura cette suite de rapports égaux :

$$AC : A''C'' :: SA : SA''$$
$$:: \text{circ.}\ ADBE : \text{circ.}\ A''D''B''E'',$$

d'après laquelle, l'égalité de circ. $ADBE$ et de AC entraîne celle de circ. $A''D''B''E''$ et de $A''C''$.

On conclura de là que l'aire convexe du tronc de cône a pour mesure $\overline{AA'} \times$ circ. $A''D''B''E''$, ou le *produit de son côté par la circonférence de la section faite à égale distance des bases.*

$N.B.$ En substituant le sommet à la base supérieure, cette mesure devient celle de l'aire du cône entier.

THÉORÈME.

273. *En multipliant suffisamment les côtés du polygone inscrit, on pourra toujours former deux pyramides, l'une inscrite, et l'autre circonscrite, telles, que la différence de leurs volumes soit moindre qu'une grandeur donnée, quelque petite que soit cette grandeur.*

Démonstration. En effet, la pyramide inscrite et la FIG. 143. pyramide circonscrite ayant même hauteur SO, *fig.* 143, en nommant p et P les volumes de ces pyramides, p' et P' les aires des polygones $abcdef$, $ABCDEF$, qui leur servent de bases, on aura

$$p = \tfrac{1}{3}\, p' \times \overline{SO}, \quad P = \tfrac{1}{3}\, P' \times \overline{SO},$$

ce qui donnera

$$P - p = \tfrac{1}{3}\, \overline{SO} \times (P' - p');$$

et comme on peut amener à tel degré de petitesse qu'on voudra la différence $P' - p'$ entre l'aire du polygone inscrit et celle du polygone circonscrit (184), on rendra donc moindre que telle grandeur donnée qu'on voudra, la différence $P - p$ entre le volume de la pyramide inscrite et celui de la pyramide circonscrite.

274. *Corollaire.* Le volume du cône étant visiblement intermédiaire entre celui de la pyramide inscrite et celui de la pyramide circonscrite, il suit du théorème précédent, que l'on peut toujours assigner une pyramide inscrite et une pyramide circonscrite, qui en diffèrent aussi peu qu'on voudra.

THÉORÈME.

275. *Le volume d'un cône a pour mesure le tiers du produit de l'aire de sa base par sa hauteur, ou* $\frac{1}{3}$ CH, *en représentant par* C *la première, et par* H *la seconde.*

Démonstration. Soit P l'aire du polygone servant de base à la pyramide circonscrite, dont le volume aura alors pour mesure $\frac{1}{3}PH$, et X la vraie mesure du volume du cône ; les trois quantités $\frac{1}{3}PH$, $\frac{1}{3}CH$, et X seront encore dans le cas du numéro 186, puisque P surpasse toujours C, et que, d'après le numéro précédent, la première quantité, $\frac{1}{3}PH$, toujours plus grande que les deux autres, peut en approcher cependant d'aussi près qu'on voudra : on aura donc $X = \frac{1}{3}CH$ (*).

PROBLÈME.

276. *Trouver le volume d'un tronc de cône droit à bases parallèles.*

Sol. Il faudra prolonger les côtés AA' et BB', *fig.* 144, FIG. 144. jusqu'à ce qu'ils se rencontrent, pour connaître la hauteur SO du cône entier (268), au moyen de laquelle on

---

(*) Le théorème ci-dessus a également lieu pour le cône oblique, car il est évident que le théorème du n° 273 et le corollaire du n° 274 ne supposent point que la perpendiculaire SO tombe sur le centre du cercle $a\,G\,bf$, et peuvent par conséquent s'adapter au cône oblique sur la figure 142. Il en est de même à l'égard de la recherche du volume du cône tronqué, dans le n° suivant.

aura pour le volume de ce corps $\frac{1}{3}\overline{SO}\times\overline{ADBE}$; et sous-trayant de SO la hauteur du tronc OO', le reste SO' sera la hauteur du cône retranché, dont le volume sera par conséquent exprimé par $\frac{1}{3}\overline{SO'}\times\overline{A'D'B'E'}$. La dif-férence entre ce produit et le précédent sera le volume du tronc de cône proposé.

FIG.145.   277. Si l'on conçoit que le rectangle $ACC'A'$ *fig*. 145, tourne autour de l'un de ses côtés, CC', il engendrera le corps appelé *cylindre droit;* la droite AA' décrira dans ce mouvement la *surface cylindrique.*

Un point quelconque A'' de cette droite décrira la cir-conférence du cercle $A''D''B''$, égal et parallèle au cercle ADB engendré par AC, et que l'on nomme la *base* du cylindre; car la droite $A''C'''$, perpendiculaire à CC', égale à AC, décrira, en tournant autour de CC', un plan parallèle au plan ADB, et dont l'intersection avec la surface cylindrique sera $A''D''B''$. Il résulte de là que la section de la surface du cylindre droit, par un plan parallèle à sa base, est un cercle égal à cette base.

Le cylindre est terminé supérieurement par une base $A'D'B'$ égale, et parallèle à sa base inférieure ADB. La droite CC', autour de laquelle tourne le parallélo-gramme $ACC'A'$ et qui contient évidemment les centres des bases et ceux des sections qui leur sont parallèles, se nomme l'*axe* du cylindre, et est perpendiculaire à la base (*).

(*) Le cylindre *oblique* est celui que renferme la surface décrite

FIG. 146. par une droite quelconque AA', *fig.* 146, assujétie à glisser pa-rallèlement à elle-même le long de la circonférence d'un cercle ADB. Si l'on considère la droite génératrice AA' parvenue dans une posi-tion quelconque DD', que par le centre de la base, on mène CC' parallèle et égale à AA', qu'on termine le corps par un plan $A'D'B'$ parallèle à ADB, en tirant $C'D'$, on formera le parallélogramme $DCC'D'$, et on aura $C'D' = CD$. Ainsi la base supérieure $A'D'C'$ du cylindre oblique sera un cercle aussi bien que sa base inférieure et toutes les sections qui lui sont parallèles; mais l'axe CC' ne sera point perpendiculaire sur cette base, comme dans le cas du cylindre droit.

THÉORÈME.

278. *Si l'on inscrit et circonscrit au cercle qui sert de base à un cylindre, des polygones d'un même nombre de côtés, et que, par les sommets des angles de ces polygones, on mène des droites parallèles à l'axe* OO', *fig. 147, en joignant leurs extrémités supérieures par d'autres droites, on formera deux prismes, l'un inscrit, l'autre circonscrit, au cylindre proposé; et l'on pourra toujours prendre ces prismes tels, que la différence de leurs aires soit moindre qu'une grandeur donnée, quelque petite que soit cette grandeur.*

FIG. 147.

Démonstration. Les droites aa', bb', etc., élevées parallèlement à OO' et par conséquent perpendiculaires au plan $abcdef$, seront sur la surface du cylindre, puisque les rectangles $aOO'a'$, $bOO'b'$, sont égaux au rectangle générateur. Il est évident d'ailleurs que les rectangles $abb'a'$, $bcc'b'$, etc. sont égaux, puisqu'ils ont visiblement deux angles et trois côtés égaux chacun à chacun (85). Les arétes aa', bb', etc. étant perpendiculaires sur ab, bc, etc. les aires des rectangles ab', bc', etc. seront exprimées par $\overline{ab} \times \overline{aa'}$, $\overline{bc} \times \overline{bb'}$, etc. réunissant ces produits, en observant qu'ils ont tous un facteur commun, puisque $aa' = bb'$, etc. l'aire du prisme inscrit, sans y comprendre les bases $abcdef$, $a'b'c'd'e'f'$, sera exprimée par $(ab + bc + cd + de + ef + fa) \times aa'$, ou par $p \times H$, si p désigne le périmètre du polygone $abcdef$, et H la hauteur aa', commune au prisme et au cylindre.

Pour éviter la confusion, je n'ai représenté qu'une seule face $ABB'A'$ du prisme circonscrit. Il est visible que si dans cette face et par le point G, où le côté AB touche le cercle, on tire GG' parallèlement à OO', cette droite sera sur la surface cylindrique, puisque le rectangle $GOO'G'$ est égal au rectangle générateur. L'aire du rectangle $ABB'A'$ étant exprimée par $\overline{AB} \times \overline{GG'}$, l'aire totale du prisme circonscrit, en n'y comprenant point les bases , sera égale au contour P du polygone circonscrit, multiplié par la hauteur GG' ou H, commune à tous les parallélogrammes qui forment l'enveloppe du prisme circonscrit et celle du prisme inscrit.

Cela posé, la différence de l'aire convexe du prisme inscrit à celle du prisme circonscrit, sera $P \times H - p \times H = (P - p) H$, et pourra devenir aussi petite qu'on voudra, en prenant des polygones inscrits et circonscrits, dont les contours P et p diffèrent l'un de l'autre de moins que telle grandeur donnée qu'on voudra.

279. *Corollaire.* Il suit évidemment de la proposition précédente et par les raisons déjà développées dans le n° 270, que la surface cylindrique est moindre que celle du prisme circonscrit et plus grande que celle du prisme inscrit, et que l'on peut par conséquent trouver un prisme soit inscrit , soit circonscrit , dont l'aire diffère aussi peu qu'on voudra de l'aire du cylindre droit.

THÉORÈME.

280. *L'aire de la surface convexe du cylindre droit a pour mesure le produit de la circonférence de sa base par sa hauteur* H, *ou le produit* CH.

Démonstration. Si l'on désigne par P le contour du polygone qui sert de base au prisme circonscrit au cylindre, et par X la vraie mesure de ce dernier, on aura PH pour l'aire du prisme circonscrit, et il est visible que les trois quantités PH, CH et X seront dans le cas du n° 186 : on aura donc $X = CH$.

THÉORÈME.

281. *On peut toujours former deux prismes , l'un inscrit et l'autre circonscrit au cylindre , tels , que leurs volumes diffèrent aussi peu que l'on voudra.*

Dém. Le volume du prisme inscrit $abcdefa'b'c'd'e'f'$ est égal à $\overline{abcdef} \times H$ (260); et désignant l'aire du polygone inscrit par p, celle du polygone circonscrit par P, le volume du prisme inscrit sera mesuré par pH, et celui du prisme circonscrit par PH; leur différence étant $(P - p) H$, pourra devenir aussi petite qu'on voudra, puisque la différence $P - p$ entre l'aire du polygone inscrit et celle du polygone circonscrit peut être rendue moindre qu'une grandeur donnée, quelque petite qu'elle soit (184).

282. *Corollaire.* Il suit de là que l'on peut construire un prisme inscrit et un prisme circonscrit tels, que leur volume diffère aussi peu qu'on voudra de celui du cylindre, qui sera d'ailleurs toujours plus grand que le premier, et moindre que le second.

THÉORÈME.

283. *Le volume d'un cylindre droit a pour mesure le produit de l'aire de sa base par sa hauteur, ou C′H, C′ étant l'aire de cette base.*

Démonstration. Si l'on désigne par P' l'aire du polygone circonscrit, $P'H$ sera la mesure du volume du prisme circonscrit; et si X désigne la vraie mesure du cylindre, les trois quantités $P'H$, $C'H$ et X se trouvant dans le cas du n°. 186, on aura nécessairement $X = C'H$ (*).

284. Si le demi-cercle ACB tourne autour de son diamètre AB, *fig.* 148, il engendrera la *sphère*, et la FIG. 148. demi-circonférence qui l'enveloppe décrira la *surface sphérique.*

Dans ce mouvement, chaque point de l'arc ACB décrit évidemment une circonférence de cercle ayant pour rayon la perpendiculaire DE abaissée sur le diamètre AB, que l'on nomme *axe*. Il faut pourtant excepter de

---

(*) Le théorème ci-dessus a également lieu à l'égard du cylindre oblique; car il est facile de voir que le théorème et le corollaire précédens ne supposent pas que l'axe du cylindre et les arêtes des prismes soient perpendiculaires au plan de la base.

cette remarque les extrémités *A* et *B* de l'axe, qui restent immobiles comme tous les points de cet axe, et que l'on nomme *pôles*.

La surface sphérique a tous ses points également éloignés du point *O*, centre du cercle générateur; car ce point ayant conservé la même situation sur le plan du demi-cercle *ACB*, dans toutes les positions prises par ce plan, sa distance à chacun des points de l'arc *ACB*, qui ont passé successivement par tous ceux de la sphère, n'a pas varié.

Il suit de là que le rayon du cercle *ACB* est aussi celui de la sphère.

THÉORÈME.

285. *La section de la sphère, par un plan quelconque, est toujours un cercle.*

Démonstration. La proposition est évidente par elle-même, d'après ce qui précède, lorsque le plan coupant passe par le centre de la sphère; et alors la circonférence de cette section a pour rayon le rayon même de la sphère.

Mais si *DGFH* désigne un plan quelconque, et que, du centre *O*, on abaisse sur ce plan la perpendiculaire *OE*, le pied *E* de cette perpendiculaire sera à égale distance de tous les points de la section *DGFH*; car toutes les obliques *OD*, *OG*, *OF*, *OH*, étant égales comme rayons de la sphère, s'écarteront également de *OE* (200) : la courbe *DGFH* sera donc un cercle ayant son centre en *E*, et *DE* pour rayon.

286. *Remarque.* La droite *DE* étant nécessairement moindre que le rayon *OD*, le cercle *DGFH* sera moindre que celui qui résulterait d'une section faite par le centre de la sphère : ce dernier serait un *grand cercle*, tandis que l'autre n'est qu'un *petit cercle*.

Tous les grands cercles ayant même rayon, sont égaux entre eux.

287. *Corollaire.* Deux grands cercles, $ACBF$, $AIBK$, se coupent toujours en deux parties égales; car il est évident qu'ils ne peuvent se rencontrer que dans la droite AB, commune section de leurs plans, qui, passant par leur centre commun, est en même temps le diamètre de l'un et de l'autre, et les partage par conséquent en deux parties égales.

288. Trois cercles qui se coupent deux à deux sur la surface de la sphère, forment un *triangle sphérique;* mais on ne considère ordinairement que celui qui est formé par trois arcs de grand cercle, plus petits que la demi-circonférence, comme ICM.

Si du centre de la sphère on mène des rayons aux points C, I et M, il est visible que ces rayons détermineront un angle trièdre $OCIM$, dont les angles plans IOC, IOM, MOC, seront mesurés par les arcs CI, IM et CM.

THÉORÈME.

289. *La somme de deux côtés d'un triangle sphérique est toujours plus grande que le troisième.*

Démonstration. Puisqu'en vertu du n° 222, la somme de deux quelconques des trois angles plans IOC, IOM, MOC, qui forment l'angle trièdre $OCIM$, surpasse le troisième, et que les arcs CI, IM et CM, qui mesurent ces angles, sont du même rayon, il en résulte nécessairement que la somme de deux quelconques de ces arcs, qui serait la mesure de la somme des angles auxquels ils correspondent (110), doit surpasser le troisième.

290. 1er *Corollaire.* Il suit de là que le plus court chemin pour aller d'un point à un autre sur la surface sphérique, est l'arc du grand cercle déterminé par de plan qui passe par ces deux points et par le centre de la sphère; car si l'on assignait pour plus court chemin entre les points A et B, *fig.* 149, une ligne $AMNB$, FIG. 149.

différente du grand cercle AB, qui passe par ces points, que l'on prît un point M sur cette ligne, et que l'on tirât les arcs de grands cercles AM et MB, on aurait

$$AM + MB > AB \ (\text{n° précédent}).$$

Prenant entre M et B le point N, et menant les arcs de grands cercles MN et NB, on aurait encore

$$MN + NB > MB,$$

et par conséquent

$$AM + MN + NB > AM + MB.$$

En continuant ainsi, on voit que plus on s'approche de la ligne $AMNB$, plus le chemin à parcourir pour aller de A en B augmente ; d'où il est évident que AB est le plus court : et l'on n'en saurait trouver d'autre ; car le grand cercle que l'on mènerait par deux points quelconques de l'arc AB, se confondrait avec cet arc, puisque tous ses points et le centre de la sphère sont compris dans un seul plan.

J'ai supposé la ligne $AMNB$ extérieure à tous les grands cercles menés par deux quelconques de ses points ; mais si le contraire avait lieu, ainsi qu'on le voit dans la partie ponctuée $MN'A$, on tirerait les arcs de grands cercles MN' et AN'', et comme on aurait

$$AN'' + MN' > AM,$$

il en résulterait encore

$$AN'' + MN' + MN + NB > AM + MB > AB.$$

291. 2me *Corollaire*. Il suit encore du même théorème que la somme des côtés d'un triangle sphérique est moindre que la circonférence d'un grand cercle ; car si l'on prolonge les côtés AI et AM du triangle FIG. 148. MIB, *fig.* 148, jusqu'à ce qu'ils se rencontrent en B, on aura

$$IM < BM + BI \ (289);$$

ajoutant de part et d'autre $AM + AI$, il viendra

$$AM + AI + IM < BM + BI + AM + AI;$$

or les arcs AM et BM forment la demi-circonférence ACB, les arcs AI et BI la demi-circonférence AIB, égale à la première (286) : les quatre arcs réunis composent donc une circonférence de grand cercle, qui surpasse par conséquent la somme des côtés du triangle MAI.

Il est facile de voir que cette proposition résulte aussi des numéros 226 et 288.

THÉORÈME.

292. *Si, par le centre d'un cercle quelconque* DGFH, *tracé sur la sphère, on élève une perpendiculaire* AE, *elle passera par le centre de la sphère, et la coupera en deux points,* A *et* B, *dont chacun sera également éloigné de tous ceux de la circonférence* DGFH.

Démonstration. En effet, il est évident, par le numéro 200, que la perpendiculaire AE doit passer par une suite de points tels, que chacun soit à égale distance des points de la circonférence $DGFH$, décrite du pied E de cette perpendiculaire, comme centre ; or le point O, centre de la sphère, ayant la même propriété, doit par conséquent se trouver sur AE, et les points A et B, où AE rencontre la sphère, doivent être chacun à égale distance des points de la circonférence $DGFH$: bien entendu que la distance de ces derniers au point A n'est égale à leur distance au point B, que quand le point E tombe en O, ou qu'il s'agit d'un grand cercle $CILK$.

Il est visible que les arcs AD, AG, AF, AH, ayant pour cordes les distances du point A, à chacun des points de la circonférence $DGFH$, et étant pris sur des grands cercles qui ont tous même rayon, sont égaux.

293. *Corollaire.* Il suit de ce qui précède que les

points A et B peuvent servir à décrire le cercle $DGFH$, sans qu'il soit besoin de connaître son centre, placé dans l'intérieur de la sphère, puisqu'il suffit de marquer tous les points dont les distances au point A ou au point B, mesurées sur la surface sphérique par les arcs de grand cercle AD et AG, ou BD et BG, sont égales à celle que l'on a choisie pour décrire le cercle proposé.

Les points A et B se nomment en conséquence les *pôles* du cercle $DGFH$, et la droite AE en est l'*axe*.

THÉORÈME.

294. *Le plan mené par un point de la surface de la sphère, perpendiculairement au rayon qui passe par ce point, est tangent à la sphère ; et réciproquement le plan tangent à un point quelconque de la surface sphérique, est perpendiculaire à l'extrémité du rayon.*

FIG. 150. *Démonstration.* Le plan AB, *fig.* 150, étant perpendiculaire sur le rayon OC, au point C, a tous ses autres points plus éloignés du centre O de la sphère que ne l'est le point C, puisque les obliques quelconques OD, OE, etc. sont plus longues que la perpendiculaire OC (200) ; donc les points D, E, etc. sont hors de la sphère, et le plan AB n'ayant qu'un seul point C de commun avec la surface de cette sphère, lui est tangent.

Réciproquement, le plan tangent à la sphère en C, ne peut être que le plan AB, perpendiculaire sur le rayon OC ; car ce plan n'ayant de commun avec la sphère que le point de *contact* C, et tous ses autres points étant plus éloignés du centre que celui-ci, il s'ensuit que le rayon OC est la plus courte ligne qu'on puisse mener du centre sur le plan tangent, et que par conséquent il est perpendiculaire sur ce plan.

THÉORÈME.

295. *Si l'on inscrit et si l'on circonscrit à un arc quelconque d'un demi-cercle deux portions de poly-gones réguliers du même nombre de côtés, et qu'on fasse*

tourner le demi-cercle autour de son diamètre, avec les portions de polygones, il sera toujours possible de rendre la différence entre l'aire du corps décrit par la portion inscrite, et l'aire du corps décrit par la portion circonscrite, aussi petite qu'on voudra.

Démonstration. L'aire du corps décrit par la portion de polygone $abcd$, *fig.* 151, quand elle tourne avec l'arc FIG. 151. ad autour du diamètre ap, se compose des aires que décrit en particulier, chacun de ses côtés. Le premier ab décrit un cône entier, et les autres des troncs de cône ayant pour bases les cercles engendrés par les perpendiculaires be, cf, dg, abaissées des points b, c, d, sur l'axe aO (267). L'aire de l'un de ces corps, de celui que décrit cd, par exemple, s'obtient en abaissant du milieu de ce côté, sur aO, la perpendiculaire lq, et est égale à $\overline{cd} \times$ circ. lq; mais cette expression peut être transformée en une autre, ne contenant plus le facteur circ. lq, qui change pour chaque cône. Pour cela, on abaisse cr perpendiculaire sur dg; on tire lO; et les triangles dcr et qlO, semblables, comme ayant les côtés perpendiculaires chacun à chacun (65), donnent

$$cd : cr :: lO : lq.$$

Mais cr est égal à fg, et les circonférences des cercles étant entre elles comme leurs rayons, on peut substituer au rapport de lO à lq celui des circonférences de cercle dont ces lignes seraient les rayons, et l'on aura

$$cd : fg :: \text{circ. } lO : \text{circ. } lq,$$

d'où l'on conclura

$$\overline{cd} \times \text{circ. } lq = \overline{fg} \times \text{circ. } lO:$$

donc l'aire du cône décrit par cd aura aussi pour expression $\overline{fg} \times$ circ. lO, *c'est-à-dire le produit de sa hauteur par la circonférence du cercle inscrit au polygone dont son côté fait partie.* Il en est de même des aires des cônes décrits par les autres côtés et dont les hauteurs sont ef et ae. La circonférence du cercle inscrit étant un facteur commun à toutes ces aires, leur somme, ou l'aire du corps décrit par la portion $abcd$ du polygone inscrit, sera donc égale à la somme des lignes fg, ef, ae, c'est-à-dire à la partie ag de l'axe, comprise entre l'extrémité a du premier côté, et la perpendiculaire abaissée sur cet axe par l'extrémité du dernier côté, multipliée par la circonférence du cercle inscrit, ou à $\overline{ag} \times$ circ. lO.

Par la même raison, l'aire du corps décrit par la portion $ABCD$ du polygone circonscrit aura pour expression $\overline{AG} \times$ circ. LO. Cette dernière quantité surpassera toujours la première, d'abord parce que circ. LO sera toujours plus grande que circ. lO, ensuite parce que AG surpasse ag. En effet, on a

$$AG = aG + Aa \text{ et } ag = aG + Gg$$

d'où il résulte

$$AG - ag = Aa - Gg = Dd - Gg,$$

puisque $Aa = Dd$; mais il est visible que $Gg < Dd$, et qu'on peut rendre Aa ou Dd aussi petite qu'on voudra, en multipliant suffisamment le nombre des côtés des polygones : il en sera donc de même de la différence des lignes Dd et Gg, nécessairement moindre que la plus grande de ces lignes. Par conséquent AG surpassera toujours ag, et pourra en approcher d'aussi près qu'on voudra (*). Dans cette circonstance LO

(*) Le triangle DOG donne (59)

$$dO : gO :: Dd : Gg, \quad \text{d'où} \quad Gg = Dd \times \frac{gO}{dO};$$

ce qui prouve encore que $Gg < Dd$, puisque gO n'est que l'un des côtés du triangle rectangle dont dO est l'hypoténuse. De plus, le point g étant l'extrémité commune de toutes les portions de polygones inscrits à l'arc ad, les lignes gO et dO ne changent point non plus que leur rapport : Gg diminue donc en même temps que Dd.

et lO s'approchant également de plus en plus, circ. LO diffère de moins en moins de circ. lO : on pourra donc rendre la différence $\overline{AG} \times$ circ. $LO - \overline{ag} \times$ circ. lO moindre qu'une grandeur donnée, quelque petite qu'elle soit, en considérant cette différence comme celle de deux rectangles dont les bases et les hauteurs peuvent être aussi près que l'on voudra de l'égalité.

296. *Corollaire.* L'expression $AG - ag = Dd - Gg$ montre aussi que AG diminue en même temps que Dd, car la hauteur ag est commune à tous les polygones inscrits à l'arc ad ; LO demeurant aussi le même, il en résulte que l'aire du corps décrit par la portion $ABCD$ diminue en se rapprochant de la sphère. L'augmentation de lO dans la même circonstance , prouve que l'aire du corps décrit par $a\,b\,c\,d$ augmente alors, et que par conséquent l'aire de la portion de sphère décrite par l'arc aLd, est moindre que celle du premier de ces corps, et plus grande que celle du second. Il suit de là qu'on peut assigner deux corps de ce genre, dont l'aire diffère aussi peu que l'on voudra de celle de la portion de la sphère décrite par l'arc.

THÉORÈME.

297. *L'aire de la portion de sphère, ou calotte sphérique, décrite par un arc qui ne surpasse pas le quart de la circonférence du cercle générateur, est égale au produit de cette circonférence par la partie du diamètre qui mesure la hauteur de la calotte.*

Démonstration. Soit X la vraie mesure de l'aire décrite par l'arc ad ; en la comparant à celle du corps décrit par la portion de polygone circonscrit $ABCD$, on aura les trois quantités

$$\overline{AG} \times \text{circ. } LO, \ \overline{ag} \times \text{circ. } LO, \text{ et } X ;$$

la première étant toujours plus grande que les deux autres, dont elle peut approcher d'aussi près que l'on voudra, on en conclura, par le n° 186,

$$X = \overline{ag} \times \text{circ. } LO.$$

298. 1er *Corollaire*. Il suit de là que l'aire de la sphère entière est égale à son diamètre multiplié par la circonférence d'un grand cercle, ou à $ap \times$ circ. LO. En effet, le théorème précédent s'applique au quart de cercle aLm, et donne $\overline{aO} \times$ circ. LO pour l'aire de la demi-sphère qu'il engendre en tournant autour de l'axe aO ; pour le second quart de cercle pnm, on a de même $\overline{pO} \times$ circ. LO : la somme de cette quantité et de la précédente, est

$$(aO + pO) \text{ circ. } LO = \overline{ap} \times \text{circ. } LO.$$

En général, l'aire d'une portion quelconque de la surface sphérique, comprise entre deux plans parallèles, ou d'une *zône*, est égale à la hauteur de cette zône, ou à la distance perpendiculaire des plans qui la terminent, multipliée par la circonférence d'un grand cercle ; car si de la calotte décrite par l'arc aLm, et dont l'aire est mesurée par $\overline{aO} \times$ circ. LO, on retranche la calotte décrite par l'arc aLd, et dont l'aire est mesurée par $\overline{ag} \times$ circ. LO, on aura

$$(aO - ag) \text{ circ. } LO = \overline{Og} \times \text{circ. } LO,$$

pour l'aire de la zône décrite par l'arc dm.

On trouverait d'une manière analogue, que la zône décrite par l'arc mn doit être exprimée par $\overline{Oo} \times$ circ. LO ; et en ajoutant ce produit à $\overline{Og} \times$ circ. LO, on aurait dans le résultat $(Oo + Og) \text{ circ. } LO = \overline{og} \times$ circ. LO, l'expression de l'aire de la zône décrite par l'arc dmn, laquelle comprend le centre de la sphère.

299. 2e *Corollaire*. Il suit encore de ce qui précède, que l'aire de la surface sphérique est quadruple de celle de son grand cercle ; car l'aire de ce dernier est exprimée par $\frac{1}{2} CR$, si l'on désigne sa circonférence par C, et

son rayon par R (187); mais nommant D le diamètre, on aura $R = \frac{1}{2}D$, et par conséquent $\frac{1}{2}R = \frac{1}{4}D$, d'où on tirera $\frac{1}{4}CD$, pour l'aire du grand cercle, résultat qui n'est en effet que le quart du produit CD, par lequel se mesure l'aire de la sphère (n° précédent).

THÉORÈME.

300. *L'aire de la portion* ACBIA, fig. 148, com-FIG. 148. *prise entre deux grands cercles qui se coupent, et que l'on nomme* fuseau sphérique, *est à la surface de la sphère, comme l'arc* CI *du cercle* CILK *perpendiculaire à l'intersection commune des plans* BCA *et* BIA, *est à sa circonférence, ou comme l'angle plan qui mesure leur angle dièdre* CABI, *est à quatre droits.*

Démonstration. La proposition est évidente lorsque l'arc CI est partie aliquote de la circonférence $CILK$; car si l'on conçoit cette circonférence divisée en effet dans ses parties aliquotes, et que par les points A, B et par les points de division, on mène des grands cercles, la surface sphérique sera partagée en autant de fuseaux égaux à $ACBIA$, que le cercle $CILK$ contient de parties, puisqu'il est visible que deux fuseaux de la même sphère sont égaux lorsque les plans des cercles qui les déterminent font respectivement le même angle dièdre.

Lorsque l'arc CI n'est pas aliquote de la circonférence, on prouve, par un raisonnement analogue à celui du n° 109, que le rapport du fuseau $ACBIA$ à la surface entière de la sphère, ne peut être ni moindre ni plus grand que celui de l'arc CI à la circonférence $CILK$.

Le plan $CILK$ étant perpendiculaire à la droite AB, l'angle plan COI mesure évidemment l'angle dièdre $CABI$; et puisque le rapport de cet angle à quatre droits est le même que celui de l'arc CI qui le mesure, avec la circonférence $CILK$ (110), il s'ensuit nécessairement que l'angle COI est à quatre droits comme l'aire du fuseau $ACBIA$ est à celle de la sphère.

THÉORÈME.

301. *L'aire d'un triangle sphérique est à celle de la sphère entière, comme la différence entre la somme des trois angles dièdres formés par les cercles qui composent ce triangle et deux angles droits, est à huit angles droits.*

Démonstration. Les trois cercles *ACBL*, *CILK* et *MIFK*, qui forment le triangle sphérique *CIM*, partagent la surface sphérique en huit triangles, parmi lesquels *CKM* et *FIL* sont égaux, ainsi que l'on peut s'en convaincre en remarquant que les angles trièdres *OCKM* et *OFIL*, auxquels ils correspondent (288), ont toutes leurs parties égales (*). Cela posé, en dé-

______

(*) L'égalité des parties de ces angles trièdres prouve bien celle des parties des triangles sphériques; mais il est facile de voir que les côtés de ces triangles ne sont pas assemblés de la même manière, et qu'on ne peut par conséquent les appliquer l'un sur l'autre.

Cavalleri, à qui on doit la proposition ci-dessus (*Directorium generale uranometricum*, *Bononiæ*, 1632, pag. 316), et les auteurs qui l'ont suivi, ont regardé l'égalité des triangles sphériques dont les côtés sont égaux, chacun à chacun, comme analogue à celle des triangles rectilignes, sans faire attention qu'on ne pouvait pas retourner la surface sphérique comme le plan; mais au fond, cette difficulté est plus apparente que réelle, et il y a plusieurs manières de se convaincre de l'égalité des aires des triangles dont il s'agit : en voici d'ailleurs une démonstration.

Si par les sommets des angles de chacun des triangles proposés, on fait passer un cercle, et que par son pôle on mène des arcs de grand cercle aux angles des triangles proposés, ces arcs seront égaux (293); on formera par ce moyen sur chaque côté des triangles proposés, un triangle sphérique isocèle. Les triangles rectilignes formés par les cordes des côtés des triangles sphériques proposés étant égaux (99), les cercles dont on vient de parler, seront aussi égaux (119), et auront leurs pôles placés aux mêmes distances de leur circonférence ; par conséquent les trois triangles sphériques isocèles du premier des triangles proposés, seront évidemment égaux aux trois du second, chacun à chacun, et les aires des triangles proposés seront formées de la même manière avec celles des nouveaux triangles.

signant la surface de la sphère par S, et l'angle droit par D, l'aire du fuseau $ICKMI$ aura pour expression

$$S \times \frac{\text{ang. } CIKM}{4D} \text{ (n° précédent);}$$

et comme ce fuseau est composé des triangles CIM, CKM, on aura

$$CIM + CKM = \frac{S \times \text{ang. } CIKM}{4D};$$

l'aire du fuseau $MIFAM$ étant

$$\frac{S \times \text{ang. } IMFA}{4D},$$

on trouvera

$$CIM + CIF = \frac{S \times \text{ang. } IMFA}{4D}:$$

enfin le fuseau $CILBC$, dont l'aire est exprimée par

$$\frac{S \times \text{ang. } ICLB}{4D},$$

donnera

$$CIM + MIL = \frac{S \times \text{ang. } ICLB}{4D}.$$

Mais si l'on met à la place du triangle CKM son égal FIL, et qu'on ajoute ces expressions, en observant que $CIM + CIF + FIL + MIL$ composent la moitié de la surface sphérique, située en avant du plan $ACBL$, ou l'hémisphère $IACBL$, il viendra

$$2 CIM + \tfrac{1}{2} S = \frac{S}{4D} (\text{ang. } CIKM + \text{ang. } IMFA + \text{ang. } ICLB).$$

Les trois angles dièdres $CIKM$, $IMFA$, $ICLB$, sont évidemment ceux que forment entre eux les plans des côtés du triangle sphérique CIM; et pour abréger, je les désignerai par une seule lettre de leur arête, savoir, celle qui se trouve à l'intersection des deux côtés du triangle : de cette manière, les angles $CIKM$, $IMFA$, $ICLB$, seront respectivement les angles I, M, C, et par conséquent

$$2 CIM + \tfrac{1}{2} S = \frac{S}{4D} (I + M + C).$$

Retranchant de part et d'autre $\tfrac{1}{2} S$; on obtiendra

$$2 CIM = \frac{S(I + M + C)}{4D} - \tfrac{1}{2} S ;$$

réduisant ensuite au même dénominateur tous les termes de cette expression de $2 CIM$, et prenant la moitié du résultat, il viendra

$$CIM = \frac{S(I + M + C - 2D)}{8D} ,$$

ce qui donnera

$$CIM : S :: I + M + C - 2D : 8D (^*).$$

THÉORÈME.

302. *Si, par les extrémités des portions correspondantes de polygones réguliers, inscrites et circonscrites au même arc, on tire deux rayons, on formera deux secteurs polygonaux qui, en tournant autour de l'un de ces rayons, engendreront des volumes dont la différence peut devenir aussi petite qu'on voudra, lorsqu'on multipliera suffisamment le nombre des côtés des polygones.*

FIG. 151. *Démonstration.* En tirant les rayons BO, CO, *fig.* 151, on voit que le corps engendré par la figure $abcdO$, en tournant autour de l'axe aO, se compose de ceux qu'engendrent les triangles abO, bcO, cdO, et qu'il faut évaluer séparément. Cela posé, si on abaisse sur

---

(*) Les angles I, M et C sont les angles mêmes du triangle sphérique. (*Voyez* le Traité élémentaire de Trigonométrie et d'application de l'Algèbre à la Géométrie, chap. II.)

aO la perpendiculaire be, on reconnaîtra que la corde ab et le rayon Ob, en tournant autour de aO, engendrent deux cônes ayant l'un et l'autre pour base le cercle décrit par la perpendiculaire be. La somme de leurs volumes, ou le volume du corps engendré par le triangle abO, sera donc exprimée par $\frac{1}{3}\overline{aO} \times$ cerc. be (275). Cette expression se transforme en une autre où ne se trouve plus le cercle be, en observant que l'aire du cône engendré par la corde ab a pour expression $\frac{1}{2}\overline{ab} \times$ circ. be (271); mais on a aussi

$$\text{cerc. } be = \tfrac{1}{2} be \times \text{ circ. } be \ (187):$$

il résultera de là

$$\text{aire du cône } ab : \text{cerc. } be :: \tfrac{1}{2}ab \times \text{ circ. } be : \tfrac{1}{2} be \times \text{circ. } be,$$

où

$$:: ab : be,$$

en divisant les deux termes du second rapport par $\frac{1}{2}$ circ. be. Si maintenant on abaisse Oh, perpendiculaire sur ab, et que l'on compare entre eux les triangles abe et ahO, semblables, puisqu'ils sont rectangles l'un et l'autre, et qu'ils ont de plus un angle commun en a, on obtiendra la proportion

$$ab : be :: aO : Oh,$$

où se trouve encore le rapport $ab : be$; ainsi

$$\text{aire du cône } ab : \text{cerc. } be :: aO : Oh,$$

et par conséquent

$$\text{cerc. } be = \frac{Oh}{aO} \times \text{ aire du cône } ab.$$

Par le moyen de cette expression, le volume du corps engendré par le triangle abO, et égal à $\frac{1}{3}\overline{aO} \times$ cerc. be, deviendra

$$\tfrac{1}{3}\,\overline{Oh} \times \text{aire du cône } ab,$$

d'où il résulte que *le volume d'un corps décrit par un triangle qui tourne autour de l'un de ses côtés a pour mesure le tiers de l'aire du cône engendré par l'un de ses deux autres côtés, multiplié par la perpendiculaire abaissée sur ce côté, de l'angle opposé.*

A l'égard du second triangle bcO, il faut prolonger bc jusqu'à la rencontre de tO; et d'après ce qui précède, le volume du corps engendré par le triangle ctO étant $\tfrac{1}{3}\,\overline{Oi} \times$ aire du cône ct, tandis que celui du corps engendré par le triangle btO est $\tfrac{1}{3}\,\overline{Oi} \times$ aire du cône bt, la différence de ces expressions, ou la mesure du corps engendré par le triangle bcO, sera visiblement égale à $\tfrac{1}{3}\,\overline{Oi} \times$ la différence entre l'aire du cône ct et celle du cône bt, différence qui est précisément l'aire du cône tronqué décrit par le côté bc. Les mêmes raisonnemens prouveraient aussi que le volume du corps engendré par le triangle cdO, est mesuré par $\tfrac{1}{3}\,\overline{Ol} \times$ aire du cône tronqué décrit par cd. En continuant ainsi de proche en proche, et en observant que les perpendiculaires Oh, Oi, Ol, etc. sont toutes égales, on voit que, quel que soit le nombre des côtés ab, bc, cd, etc., le volume du corps engendré par le secteur polygonal $abcdO$, aura pour mesure $\tfrac{1}{3}\,\overline{Ol} \times$ la somme des aires décrites par les côtés ab, bc, cd, etc., somme qui n'est autre chose que l'aire décrite par la portion de polygone $abcd$.

En appliquant ce résultat au secteur polygonal circonscrit $ABCDO$, on trouvera que le volume du corps qu'il engendre est égal à $\tfrac{1}{3}\,\overline{OL} \times$ aire décrite par la portion de polygone $ABCD$; et comme il a été prouvé (295) que les aires décrites par les portions correspondantes de polygones réguliers, inscrits et circonscrits, peuvent s'approcher d'aussi près qu'on voudra, tandis que la différence des apothèmes OL et Ol diminue sans cesse, il en résulte évidemment que les volumes engendrés par le secteur polygonal inscrit et par le secteur polygonal circonscrit, correspondans, tendent aussi sans cesse vers l'égalité, et peuvent en approcher d'aussi près qu'on voudra.

303. *Corollaire.* Il est visible que le corps décrit par le secteur circulaire $aLdO$, et qu'on nomme *secteur sphérique*, est moindre que le corps décrit par le secteur polygonal circonscrit, et plus grand que celui que décrit le secteur polygonal inscrit; il suit donc du théorème précédent que la différence entre le volume du premier corps, et celui de l'un quelconque des deux autres, peut être rendue aussi petite que l'on voudra, en multipliant suffisamment les côtés des polygones.

THÉORÈME.

304. *Le volume d'un secteur sphérique est égal à l'aire de la calotte sur laquelle il s'appuie, multipliée par le tiers du rayon, ou à $\frac{1}{3}$ SR, S désignant cette aire, et R le rayon.*

Démonstration. Si P représente l'aire décrite par la portion de polygone circonscrit $ABCD$, le volume du corps engendré par le secteur polygonal $ABCDO$ sera

$$P \times \tfrac{1}{3}\,\overline{OL}, \text{ ou } \tfrac{1}{3}\,PR\;(302);$$

nommant à l'ordinaire X la vraie mesure du volume du secteur sphérique, on aura les trois quantités $\frac{1}{3}\,PR$, $\frac{1}{3}\,SR$, et X, placées dans les circonstances du n° 186, et l'on en conclura nécessairement $X = \frac{1}{3}\,SR$.

Il est évident que l'on connaît par ce résultat le volume du secteur sphérique, puisque son aire S est celle de la calotte décrite par l'arc ad.

305. 1er *Corollaire.* Il suit de là que le volume de la sphère est égal à son aire multipliée par le tiers du rayon, puisque si l'on prend au lieu de l'arc ad, le quart de la circonférence, ou am, le secteur sphérique de-

viendra égal à la demi-sphère, parce que le rayon mO, perpendiculaire sur aO, décrira un plan qui partagera la sphère en deux également; et l'on aura pour la moitié ou l'hémisphère supérieur, $\frac{1}{2}S \times \frac{1}{3}\overline{mO}$, en prenant S pour l'aire de la sphère entière : réunissant les deux moitiés, le total $S \times \frac{1}{3}\overline{mO}$ sera le volume de la sphère.

L'aire de la sphère étant égale à quatre fois celle d'un de ses grands cercles, ou à quatre cercles, son volume deviendra $\frac{4}{3}R \times$ cercle, ou $\frac{2}{3}D \times$ cercle, c'est-à-dire que *le volume de la sphère est égal à l'aire de son grand cercle, multipliée par les deux tiers du diamètre.*

306. 2ᵉ *Corollaire.* Si l'on voulait obtenir le volume engendré par un secteur aOn, plus grand que le quart de cercle, on retrancherait de la sphère entière le secteur engendré par nOp, et égal à $\frac{1}{3}\overline{mO} \times$ aire de la calotte décrite par l'arc np; la différence serait $\frac{1}{3}mO$ multiplié par la différence entre l'aire entière de la sphère et celle de la calotte décrite par np, différence qui n'est que l'aire décrite par l'arc amn, ou celle de la calotte qui sert de base au secteur proposé.

307. 3ᵉ *Corollaire.* Le volume de la portion de sphère engendrée par le demi-segment circulaire $aLdg$, et que l'on nomme *segment sphérique*, s'obtiendra en retranchant du volume du secteur sphérique décrit par le secteur circulaire $aLdO$, celui du cône décrit par le triangle dgO.

Quant au volume renfermé entre la zône engendrée par l'arc dLc, et les plans que décrivent les perpendiculaires dg, cf, on l'obtiendra en retranchant le segment sphérique décrit par le demi-segment circulaire acf, de celui que décrit adg.

DE LA COMPARAISON DES CORPS RONDS.

308. Les corps ronds semblables sont ceux qui sont engendrés par des figures semblables ; tels sont les cônes $SADB$ et $SA'D'B'$, *fig.* 141, engendrés par les triangles semblables ACS, $A'C'S$.   FIG. 141.

Il suit du n° 267 que les côtés, les hauteurs et les circonférences des bases des cônes semblables, sont proportionnels, et que les aires de leurs bases sont comme les quarrés de leurs lignes homologues.

Les cylindres $ADBA'D'B'$ et $adba'd'b'$, *fig.* 145, FIG. 145. engendrés par les rectangles semblables $ACC'A'$, $acc'a'$, sont aussi semblables ; et la similitude de ces figures donnera encore les rapports égaux

$$AA' : aa' :: AC : ac :: \text{circ. } AC : \text{circ. } ac,$$
$$\overline{AA'}^2 : \overline{aa'}^2 :: \overline{AC}^2 : \overline{ac}^2 :: \text{cerc. } AC : \text{cerc. } ac.$$

Enfin, les cercles étant des figures semblables, les sphères sont aussi des corps semblables.

THÉORÈME.

309. *Les aires des cônes semblables sont comme les quarrés des côtés de ces cônes, et leurs volumes comme les cubes de ces mêmes côtés.*

Démonstration. 1°. Si l'on multiplie par ordre les deux proportions

$$\text{circ. } AC : \text{circ. } A'C' :: AS : A'S, \textit{fig. } 141,\quad \text{FIG. 141.}$$
$$\tfrac{1}{2} AS : \tfrac{1}{2} A'S :: AS : A'S,$$

il viendra

$$\tfrac{1}{2}\overline{AS} \times \text{circ. } AC : \tfrac{1}{2}\overline{A'S} \times \text{circ. } A'C' :: \overline{AS}^2 : \overline{A'S}^2,$$

proportion dont les deux premiers termes expriment les aires des cônes $SADB$ et $SA'D'B'$ (271).

2°. Si l'on multiplie par ordre les deux proportions

$$\text{cerc. } AC : \text{cerc. } A'C' :: \overline{AS}^2 : \overline{A'S}^2,$$
$$\tfrac{1}{3} CS : \tfrac{1}{3} C'S :: AS : A'S,$$

on aura

$$\tfrac{1}{3}\overline{CS} \times \text{cerc. } AC : \tfrac{1}{3}\overline{C'S} \times \text{cerc. } A'C' :: \overline{AS}^3 : \overline{A'S}^3,$$

proportion dont les deux premiers termes expriment les volumes des cônes proposés, $SADB$, $SA'D'B'$ (275).

THÉORÈME.

310. *Les aires de deux cylindres semblables sont comme les quarrés de leurs côtés, et leurs volumes comme les cubes.*

Démonstration. 1°. En multipliant par ordre les deux proportions

FIG. 145.

$$\text{circ. } AC : \text{circ. } ac :: AA' : aa' \; (308), fig.\; 145,$$
$$AA' : aa' :: AA' : aa',$$

il en résultera

$$\overline{AA'} \times \text{circ. } AC : \overline{aa'} \times \text{circ. } ac :: \overline{AA'}^2 : \overline{aa'}^2,$$

proportion dont les deux premiers termes expriment les aires des cylindres proposés (280).

2°. Si l'on multiplie par ordre les deux proportions

$$\text{cerc. } AC : \text{cerc. } ac :: \overline{AA'}^2 : \overline{aa'}^2 \; (308),$$
$$AA' : aa' :: AA' : aa',$$

on aura

$$\overline{AA'} \times \text{cerc. } AC : \overline{aa'} \times \text{cerc. } ac :: \overline{AA'}^3 : \overline{aa'}^3,$$

proportion dont les deux premiers termes expriment les volumes des cylindres proposés (283).

THÉORÈME.

311. *Les aires de deux sphères sont comme les quarrés de leurs rayons ou de leurs diamètres, et leurs volumes comme les cubes de ces mêmes lignes.*

Démonstration. Soient R et R' les rayons des sphères proposées, D et D' leurs diamètres, S et S' leurs aires, C et C' les circonférences de leurs grands cercles; on aura, 1°.

$$C : C' :: D : D';$$

multipliant cette proportion par la proportion évidente

$$D : D' :: D : D',$$

il viendra

$$CD : C'D' :: D^2 : D'^2 :$$

or, CD et $C'D'$ désignent les aires des sphères (298): donc

$$S : S' :: D^2 : D'^2,$$
$$:: 4R^2 : 4R'^2 :: R^2 : R'^2,$$

en observant que $D = 2R$ et $D' = 2R'$.

2°. Si l'on multiplie par ordre les deux proportions

$$S : S' :: R^2 : R'^2,$$
$$\tfrac{1}{3} R : \tfrac{1}{3} R' :: R : R',$$

on aura

$$\tfrac{1}{3} RS : \tfrac{1}{3} R'S' :: R^3 : R'^3,$$

proportion dont les deux premiers termes expriment les volumes des sphères proposées (305); et comme $R^3 : R'^3 :: D^3 : D'^3$, on aura pareillement

$$\tfrac{1}{3} RS : \tfrac{1}{3} R'S' :: D^3 : D'^3.$$

312. *Remarque.* On compare ordinairement la sphère avec le cylindre circonscrit, c'est-à-dire avec le cylindre $FGG'F'$, *fig.* 150, dont les bases sont égales au grand FIG. 150. cercle de la sphère OCC', et dont la hauteur FF' est égale au diamètre de cette même sphère. L'aire de ce cylindre étant mesurée par $\overline{FF'} \times$ circ. FC (280),

est égale à celle de la sphère (298), puisque $FF'=CC'$ et circ. $FC=$ circ. CO.

Le volume du même cylindre, exprimé par $\overline{FF'} \times$ cerc. FC (283), étant comparé à celui de la sphère, mesuré par $\frac{2}{3}\overline{CC'} \times$ cerc. OC (305), il en résulte que ce dernier n'est que les deux tiers de l'autre.

313. *Conclusion*. Je n'ai donné dans ce qui précède que les propositions nécessaires à la mesure des aires et des volumes; mais la manière d'effectuer les multiplications prescrites par les énoncés ou formules générales, qui complète les règles du *toisé* tant des surfaces que des corps, est suffisamment indiquée dans les art. VIII et suiv. du SUPPLÉMENT au *Traité élémentaire d'Arithmétique*, placé en tête de cet Ouvrage. Les Lecteurs qui voudraient connaître la théorie des intersections des plans et des surfaces courbes qui forme le Complément des Elémens de Géométrie envisagés dans toute leur étendue, pourront recourir aux *Essais de Géométrie sur les plans et les surfaces courbés* (ou Elémens de Géométrie descriptive), 4me édition.

Quant aux corps réguliers, ou polyèdres terminés par des polygones réguliers égaux, formant des angles dièdres égaux, ils sont traités avec beaucoup de détail dans la Géométrie de M. Legendre. Je me bornerai à montrer ici que le nombre de ces corps ne peut surpasser cinq, et qu'ils ne peuvent être formés que par des triangles équilatéraux, ou des quarrés, ou des pentagones. Cela se voit en observant que puisque la somme des angles plans qui composent un angle polyèdre doit être moindre que quatre droits (226), on ne peut, avec trois hexagones seulement, former un angle trièdre; car la somme des trois angles plans serait alors égale à quatre droits (82) : à plus forte raison ne saurait-on employer plus de trois hexagones ou des polygones d'un plus grand nombre de côtés. Il suit de là que l'on peut assembler trois, quatre ou cinq triangles équilatéraux pour former chaque angle polyèdre, et seulement trois quarrés ou trois pentagones, ce qui fournit en effet cinq corps.

Celui dont les angles sont trièdres et les faces triangulaires, est le *tétraèdre régulier*, formé de quatre triangles équilatéraux, *fig.* 152.   FIG. 152.

L'*octaèdre* régulier a ses angles tétraèdres, et est formé par huit triangles équilatéraux, *fig.* 153.   FIG. 153.

L'*icosaèdre* a ses angles pentaèdres, et est formé par vingt triangles équilatéraux, *fig.* 154.   FIG. 154.

L'*hexaèdre* ou *cube* a ses angles trièdres, et est formé par six quarrés égaux, *fig.* 155.   FIG. 155.

Le *dodécaèdre* a aussi ses angles trièdres, et est formé par douze pentagones, *fig.* 156.   FIG. 156.

F I N.

De l'Imprimerie de Mme Ve COURCIER, rue du Jardinet.

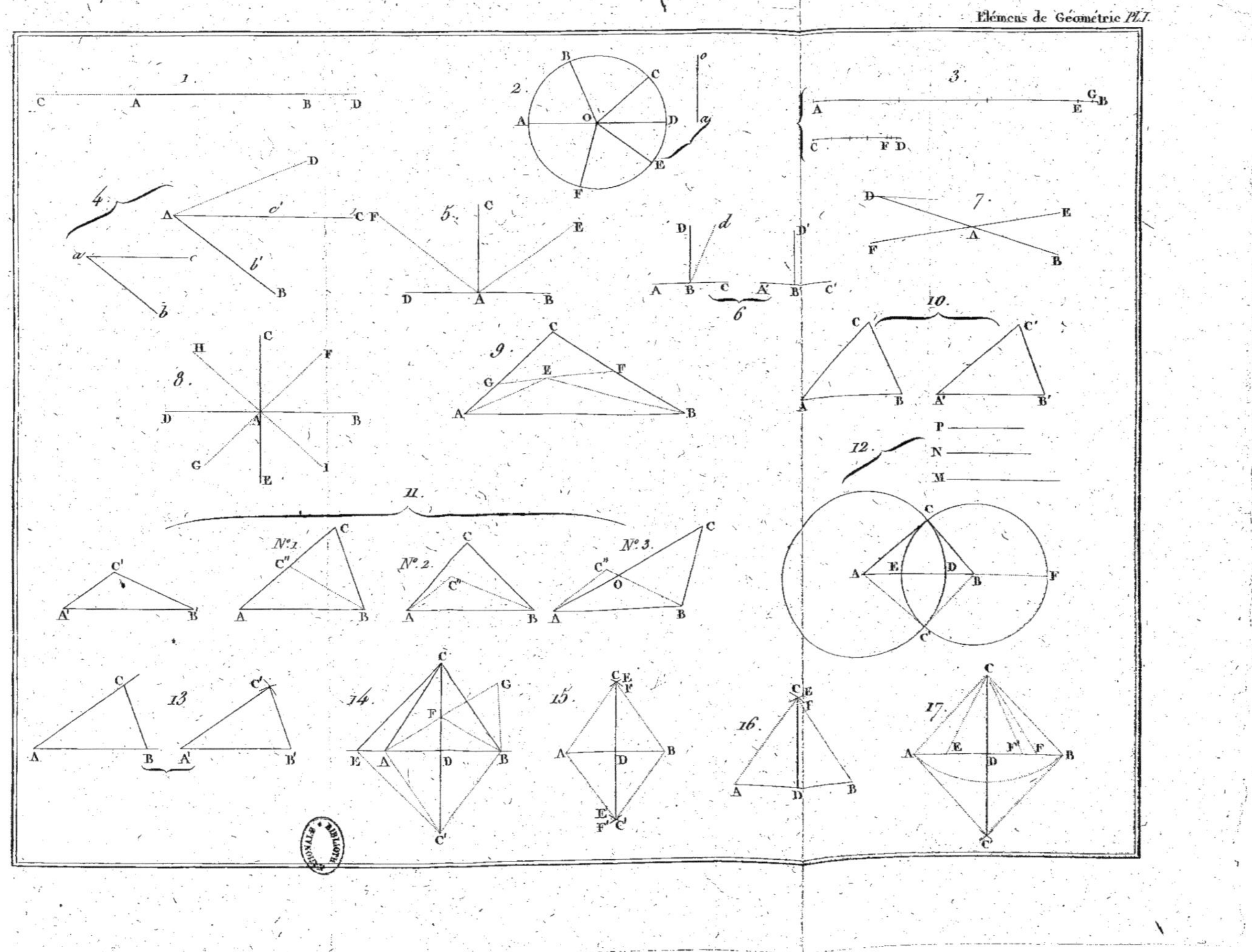

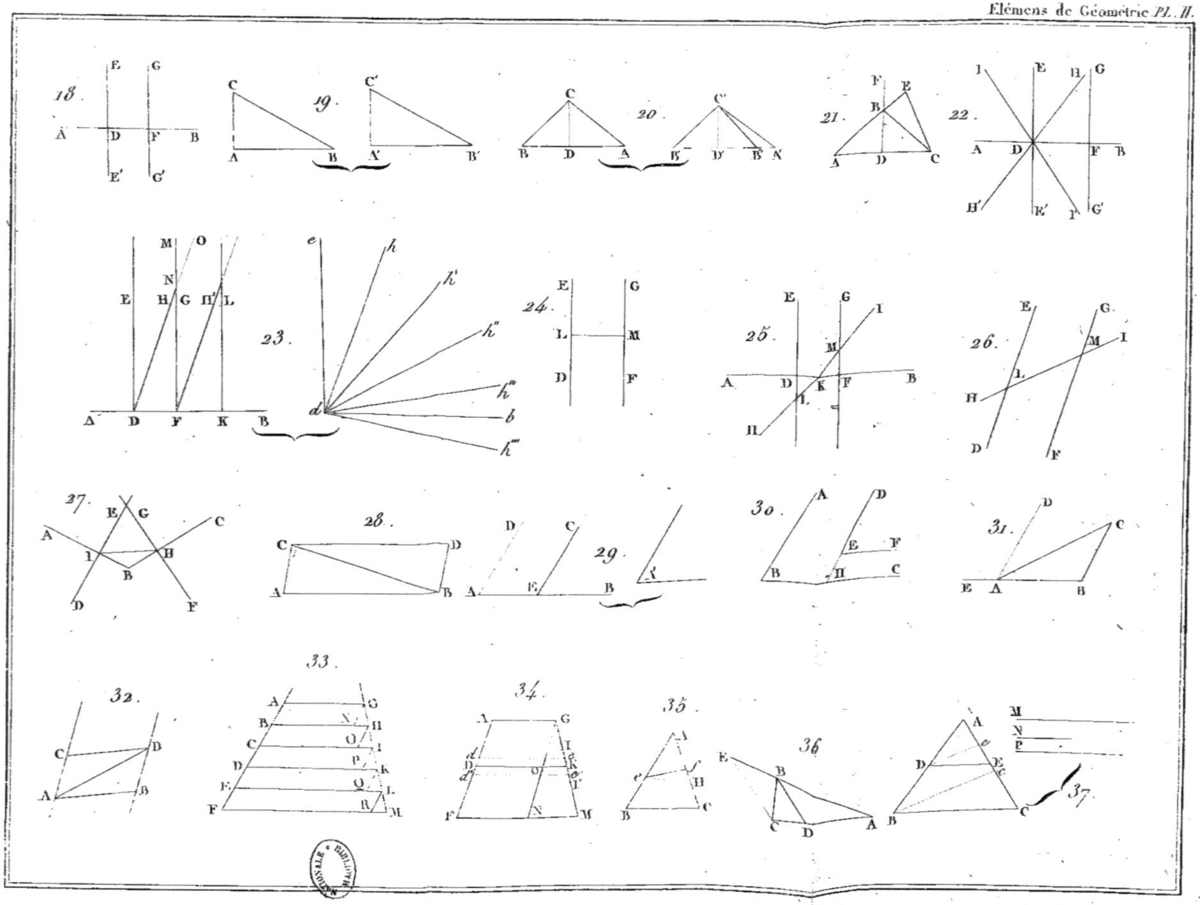
18.
19.
20.
21.
22.
23.
24.
25.
26.
27.
28.
29.
30.
31.
32.
33.
34.
35.
36.
37.

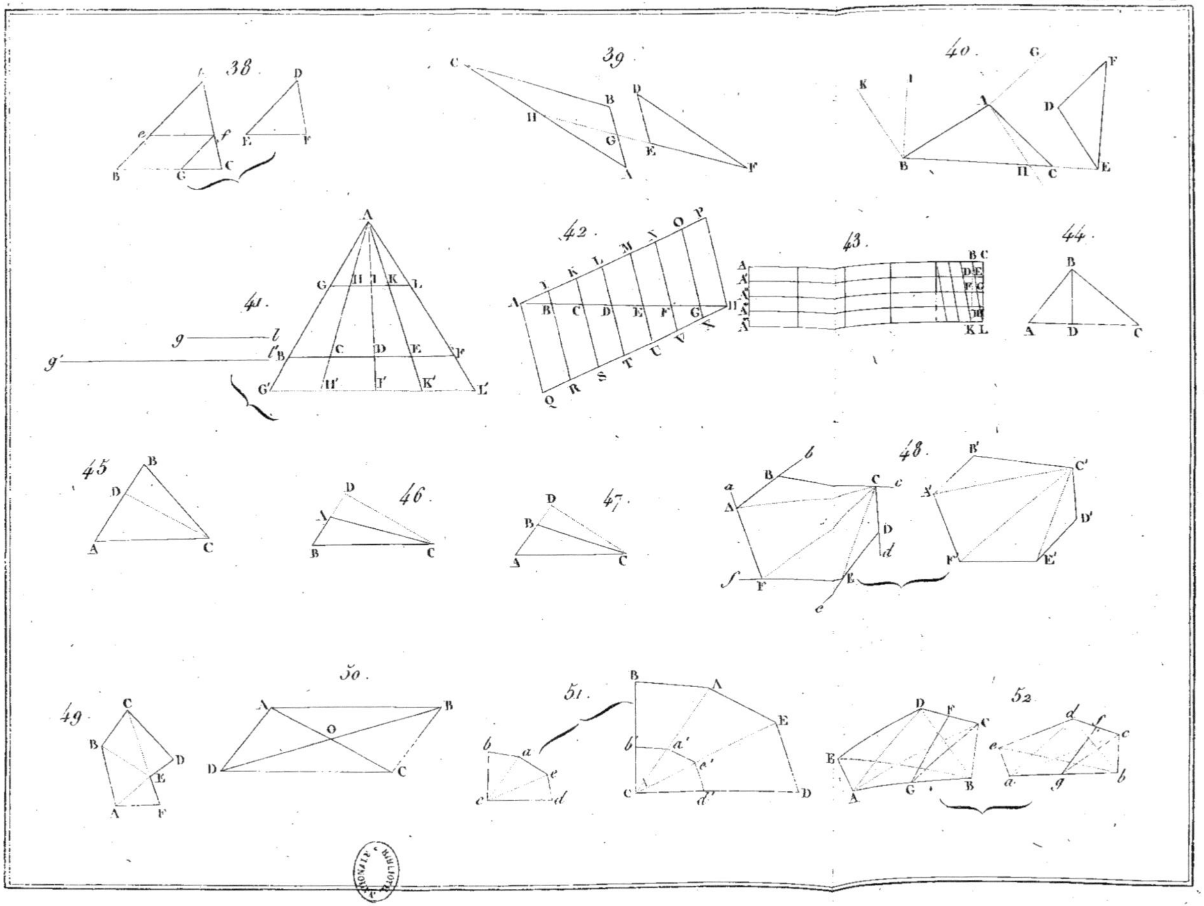

38. 39. 40. 41. 42. 43. 44. 45. 46. 47. 48. 49. 50. 51. 52.

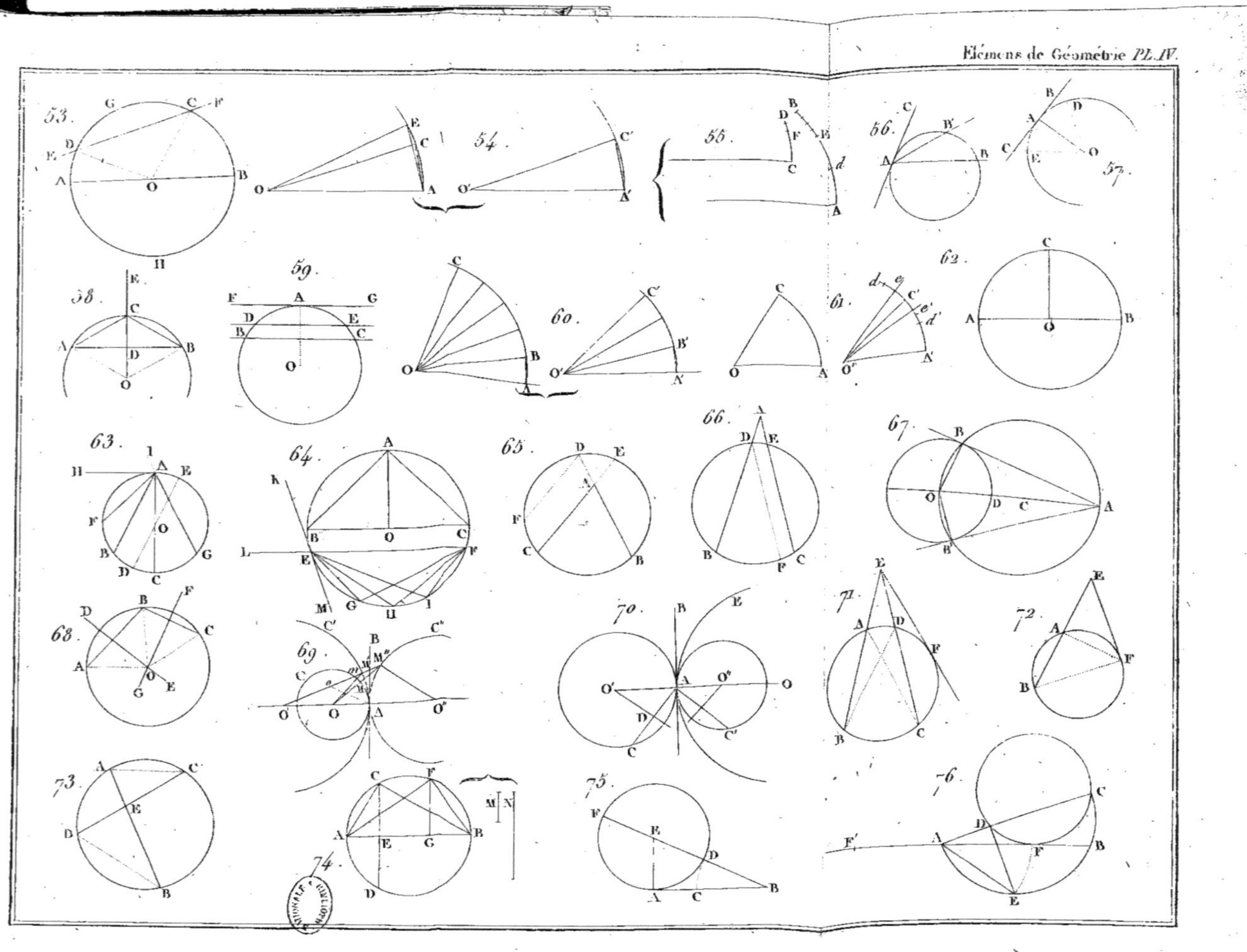

Élémens de Géométrie Pl. IV.

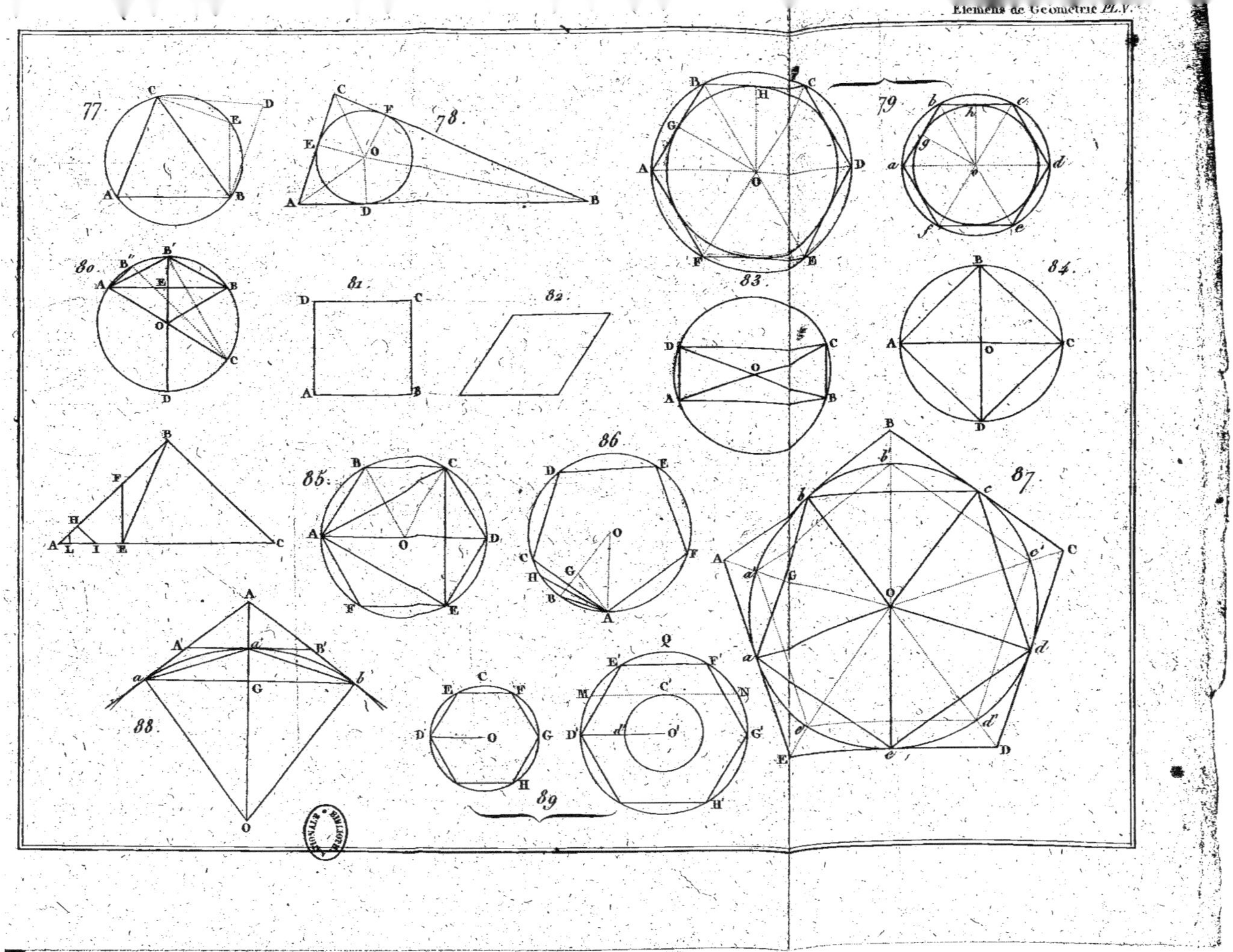

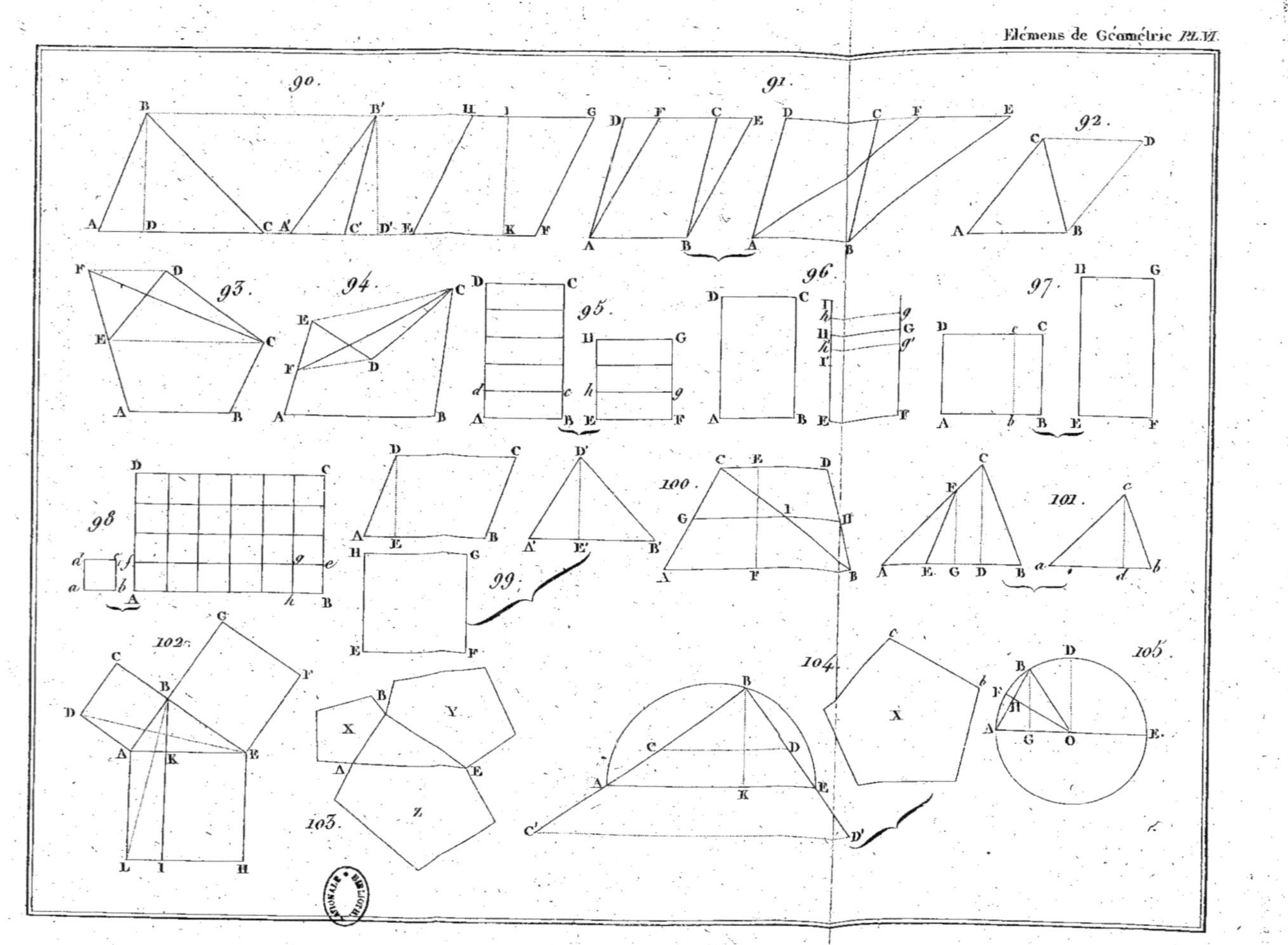

Elémens de Géométrie Pl. VI.

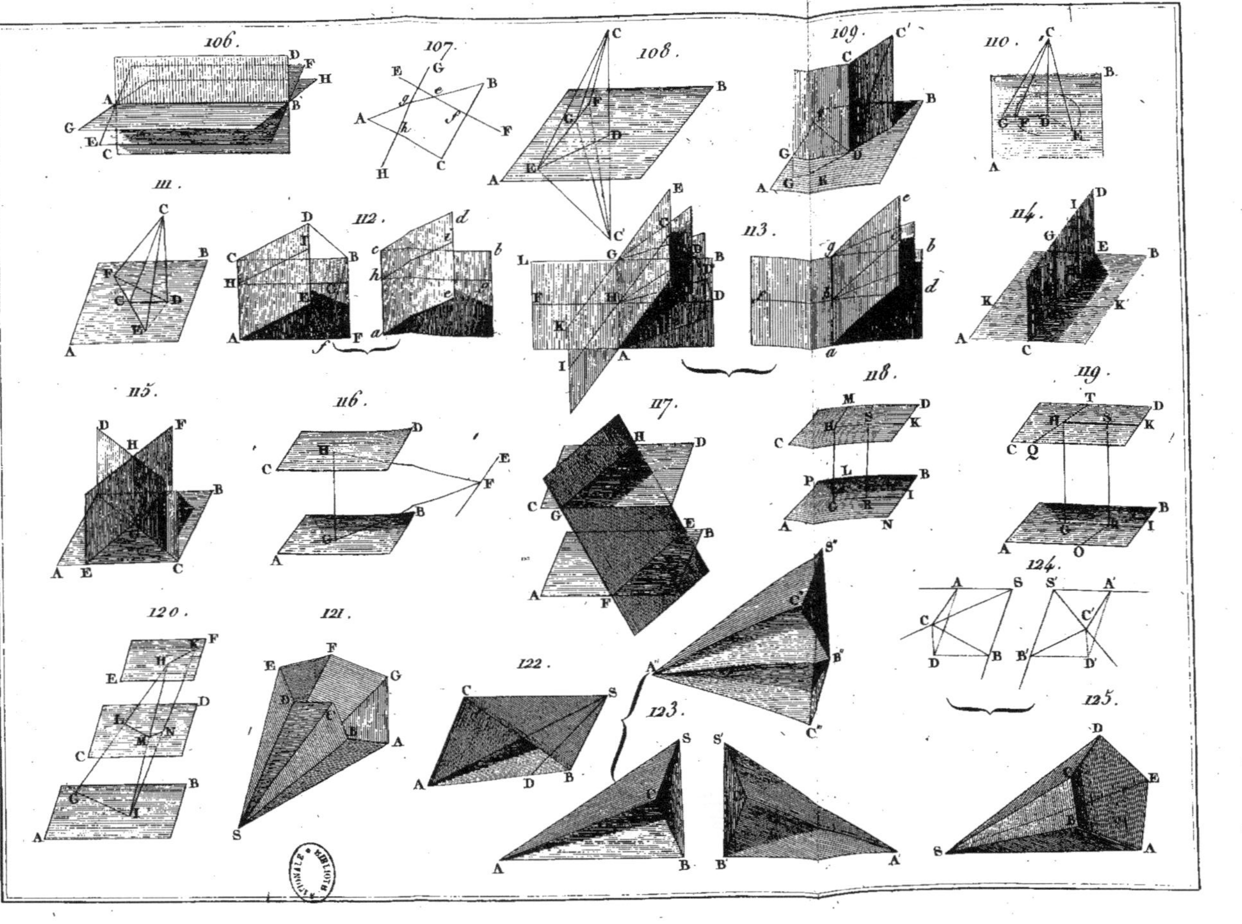

Elémens de Géométrie Pl. VII.

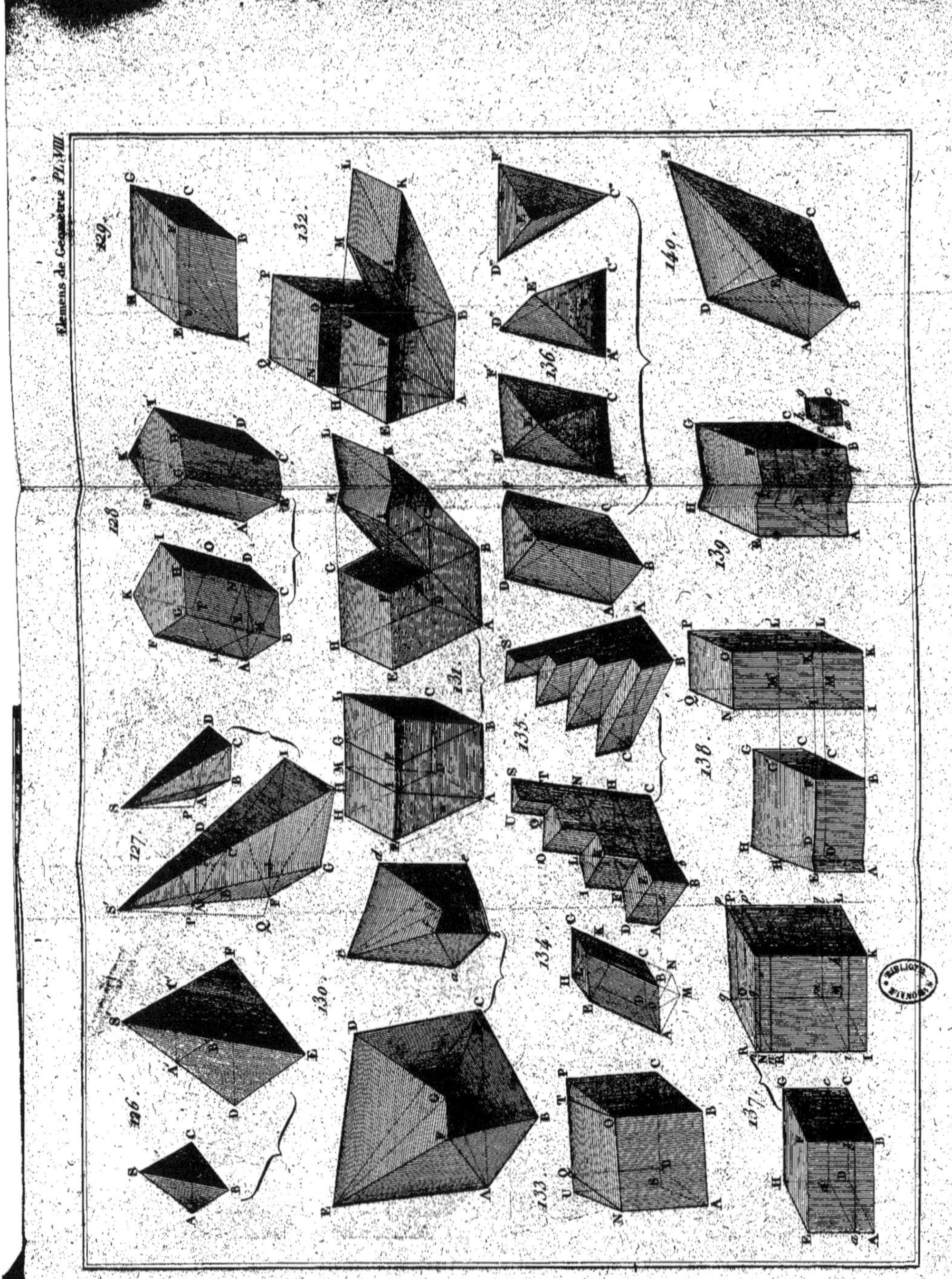

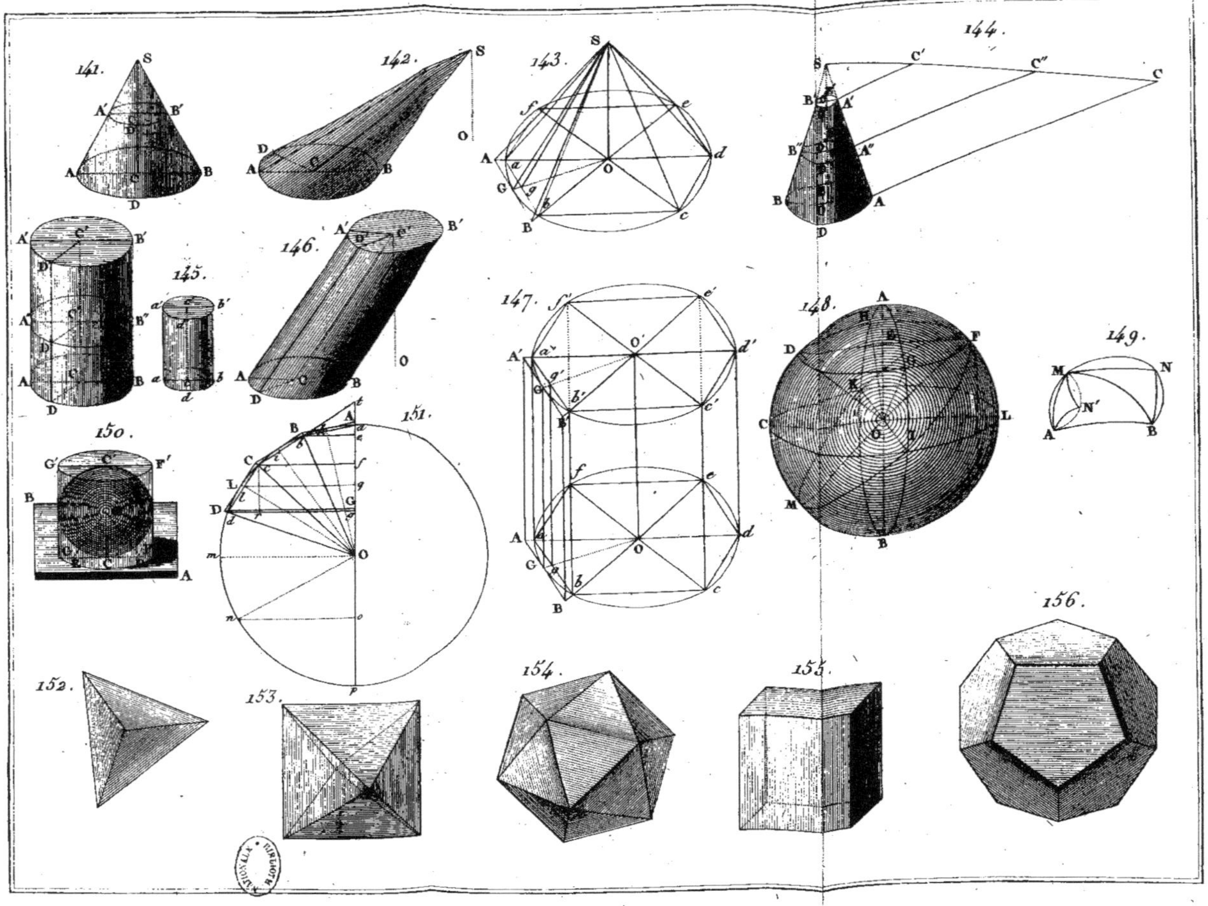

141.
142.
143.
144.
145.
146.
147.
148.
149.
150.
151.
152.
153.
154.
155.
156.

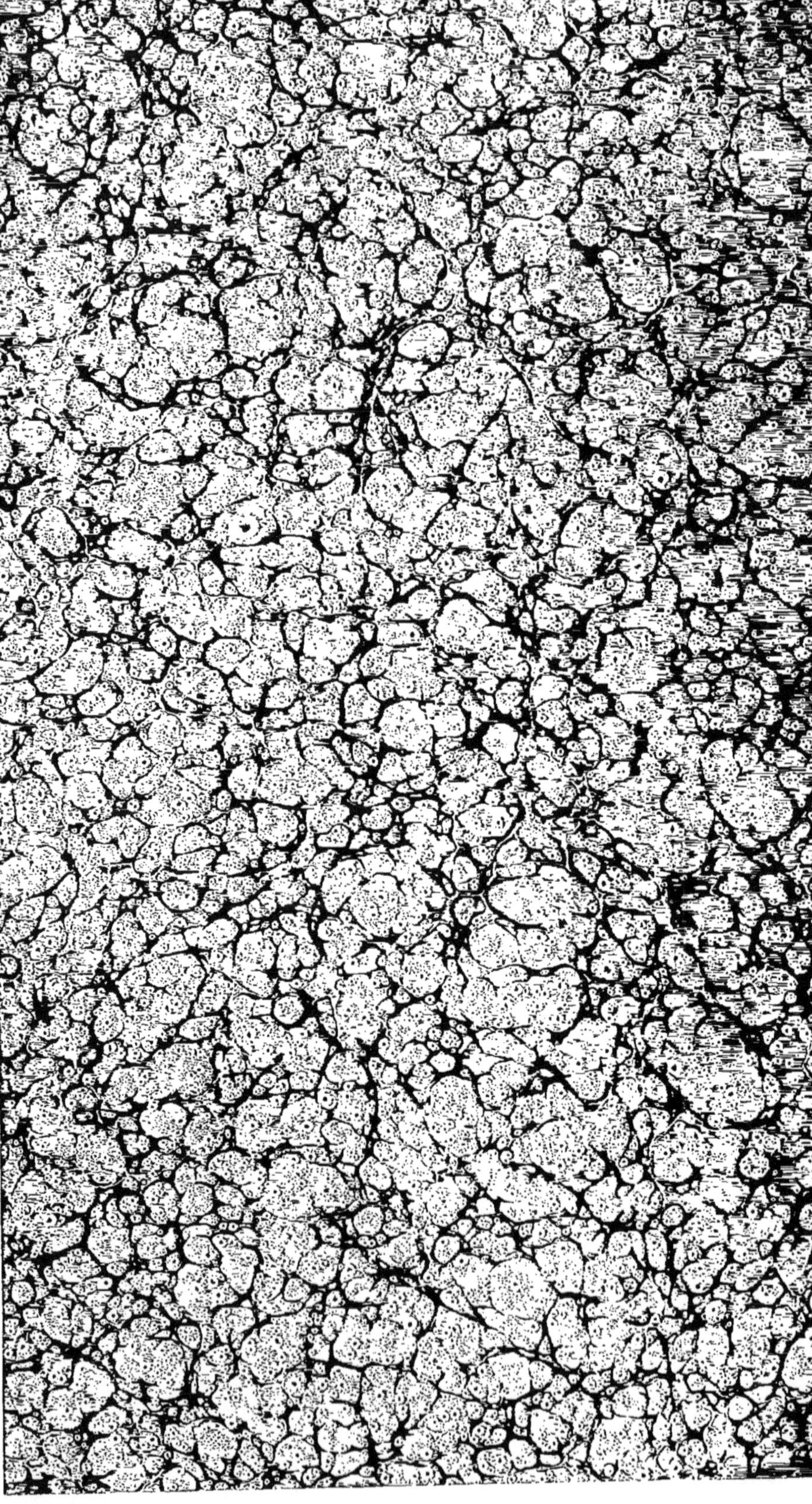

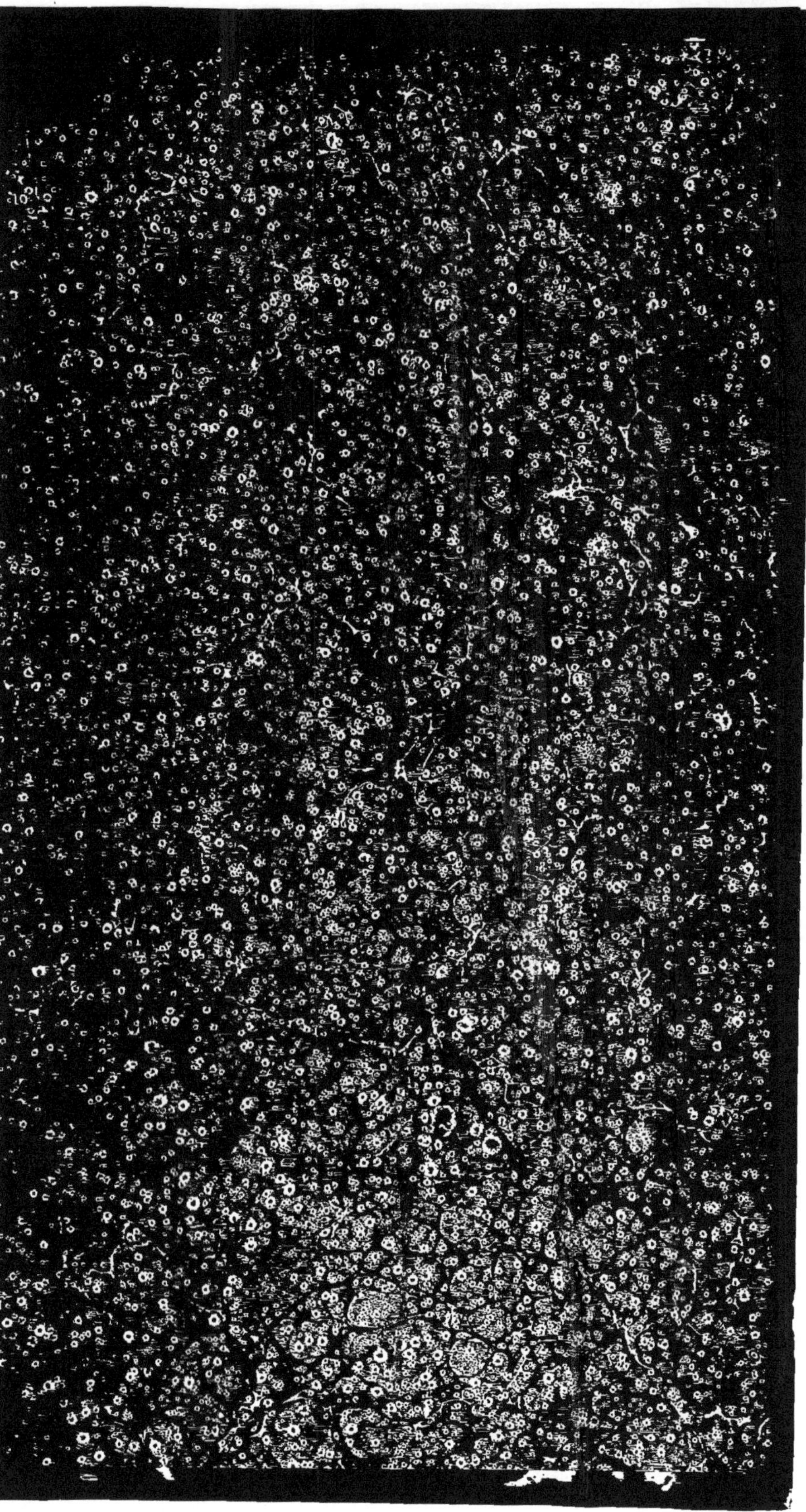